服装设计效果图综合手绘技法基础教程

—服装设计必修课—

葛星——著

電子工業出版社
Publishing House of Electronics Industry
北京·BEIJING

图书在版编目（CIP）数据

服装设计效果图综合手绘技法基础教程/葛星著.--北京：电子工业出版社，2021.7
（服装设计必修课）
ISBN 978-7-121-41329-2

Ⅰ.①服… Ⅱ.①葛… Ⅲ.①服装设计－绘画技法－教材 Ⅳ.①TS941.28

中国版本图书馆CIP数据核字(2021)第116225号

责任编辑：王薪茜
印　　刷：天津市银博印刷集团有限公司
装　　订：天津市银博印刷集团有限公司
出版发行：电子工业出版社
　　　　　北京市海淀区万寿路173信箱　　邮编：100036
开　　本：880×1230　1/16　印张：14　　字数：403.2千字
版　　次：2021 年 7 月第 1 版
印　　次：2022 年10月第 2 次印刷
定　　价：89.00元

凡所购买电子工业出版社图书有缺损问题，请向购买书店调换。若书店售缺，请与本社发行部联系，联系及邮购电话：（010）88254888，88258888。

质量投诉请发邮件至 zlts@phei.com.cn，盗版侵权举报请发邮件至dbqq@phei.com.cn。

本书咨询联系方式：（010）88254161～88254167转1897。

前言 PREFACE

服装设计效果图的风格与种类具有多样化的特点，表现风格受设计师的设计风格、审美高度、手绘习惯、性格特点等方面影响，表现种类包括设计效果图、时装插画、设计草图、款式图等。根据不同的功能和需求，服装设计效果图会有不同的表现方式，本书综合设计效果图和时装插画两种类型，主要突出常规款式和多种面料的技法表现。

在正式学习之前，针对手绘基础准备、技法解析、思维理念等进行以下讨论。

首先，画手绘效果图需要具备一定的绘画基础和审美认知能力：一是对于人物与服装装饰的明暗关系和色彩关系有一定塑造能力，二是对于建筑设计、产品设计等其他临近艺术门类有一定了解和认知，且自身具备基本的审美辨别能力。在此基础上可以深入学习服装效果图的各种手绘表现形式，最好能融入自己的风格和对服装的独特见解，形成独具个人特色的手绘风格。

其次，在绘画技法上，服装效果图没有刻板的模式与规则，传统的水彩、彩铅等工具是需要掌握的，在此基础上可将掌握的绘画技法进行糅合和提升，综合多种技法进行服装手绘表现，效果会更加丰富且具有吸引力。本书在介绍手绘传统技法基础上增加了多种技法的混合表现，读者既可以打牢基础，也可以在表现形式上进行自我提升。

最后需要强调的是，在整个效果图的绘制过程中，服装的廓形、款式、结构、材质面料与装饰细节始终是表现的中心点，设计理念和设计思维贯穿其中，而技法是设计表现的辅助形式，帮助大家更全面、更准确地展现自己的设计成果。因此，优秀的服装效果图，往往能将大家的视线成功地聚焦于设计亮点。

成功完成一幅效果图作品不但需要勤奋的练习，更需要成熟的服装设计思维与能力。希望大家学习本书后可以有所收获，能不断提高自我！

目录 CONTENTS

PART 1 基础篇

CHAPTER 01 人体比例与动态 / 002

1.1 人体造型绘制 / 003

1.1.1 如何刻画人体轮廓 / 003

1.1.2 如何塑造人体立体感 / 004

1.2 时装画人体比例与结构 / 006

1.2.1 如何确定人体比例 / 006

1.2.2 如何划分人体结构 / 007

案例 1 静态直立人体结构 / 007

案例 2 动态直立人体结构 / 011

1.3 常用女性人体动态绘制 / 012

1.3.1 正面女性人体动态 / 012

案例 1 左侧重心站姿 / 012

案例 2 右侧重心站姿 / 013

案例 3 左跨步走姿 / 014

案例 4 右跨步走姿 / 015

1.3.2 侧面女性人体动态 / 016

案例 1 半侧面走姿 / 016

案例 2 半侧面站姿 / 017

案例 3 微侧面走姿 / 018

1.4 常用男性人体动态绘制 / 019

1.4.1 男性人体比例与动态 / 019

1.4.2 男性人体动态速写 / 020

案例 1 背心基础款男性走姿 / 020

案例 2 夏日休闲款左跨步男性走姿 / 021

CHAPTER 02 五官与发型的绘画表现 / 022

2.1 头部结构绘制 / 023

2.1.1 五官绘画解析 / 023

眼睛的画法 / 023

案例 1 欧美风格眼部特征 / 023

案例 2 亚洲风格眼部特征 / 023

鼻子的画法 / 024

案例 3 高窄鼻梁特征 / 024

案例 4 宽鼻梁特征 / 024

嘴唇的画法 / 025

案例 5 下唇丰厚唇形 / 025

案例 6 半侧唇形 / 025

耳朵的画法 / 026

案例 7 正侧面耳朵 / 026

案例 8 半侧面耳朵 / 026

2.1.2 正面头部绘制技法 / 027

2.1.3 半侧、全侧头部绘制技法 / 030

案例 1 右半侧头部 / 030

案例 2 左半侧头部 / 031

案例 3 全侧头部 / 032

2.2 头部上色 / 033

2.2.1 五官上色技法 / 033

案例 1 欧美立体风格 / 033

案例 2 东方唯美风格 / 035

2.2.2 发型上色技法 / 037

案例 1 丸子发式 / 037

案例 2 长卷发 / 038

案例 3 盘发 / 039

案例 4 辫发 / 040

案例 5 短发 / 041

案例 6 头顶发髻 / 042

CHAPTER 03 手与足的绘画表现 / 043

3.1 手部绘制技法 / 044

3.1.1 自然下垂式手部解析 / 044

3.1.2 常用手部姿势绘制技法 / 045

案例 1 双手卡腰式 / 045

案例 2 半侧手握式 / 045

案例 3 侧面手握式 / 046

案例 4 正面手搭式 / 046

案例 5 双手擒包式 / 047

案例 6 双手握领式 / 047

3.2 裸足与鞋靴绘制技法 / 048

3.2.1 正面裸足及平底凉鞋画法 / 048

3.2.2 扣带方口平底皮鞋画法 / 049

3.2.3 运动鞋画法 / 050

3.2.4 正面高跟鞋画法 / 050

3.2.5 侧面高跟鞋画法 / 051

3.2.6 中筒羊毛靴画法 / 051

PART 2 实操篇

——技法训练与细节刻画

CHAPTER 04 廓形、元素与着装技法表现 / 054

4.1 服装廓形绘画表现 / 055

4.1.1 字母形廓形表现 / 055

案例 1 A 形效果 / 055

案例 2 H 形效果 / 056

案例 3 O 形效果 / 057

案例 4 T 形效果 / 058

案例 5 X 形效果 / 059

4.1.2 组合廓形表现 / 060

案例 1 不对称组合型创意礼服 / 060

案例 2 不对称几何形创意礼服 / 061

案例 3 不规则仿生型连衣短裙 / 062

案例 4 规则几何形组合半身皮裙 / 063

4.2 时装画着装快速表现 / 064

4.2.1 时装画单色速写表现 / 064

案例 1 素色裹胸连体衣 / 064

案例 2 双人通勤风休闲夹克 / 065

案例 3 牛仔运动休闲风穿搭 / 066

案例 4 前卫休闲运动风穿搭 / 067

4.2.2 时装画简色速写表现 / 068

案例 1 田园风花边连衣裙 / 068

案例 2 叠色薄纱连衣裙 / 069

案例 3 男女组合运动休闲套装 / 070

CHAPTER 05 流行秀场 & 材质技法表现 / 071

5.1 绘画工具的选择与使用 / 072

5.1.1 常用绘画工具 / 072

5.1.2 彩铅绘画表现 / 074

5.1.3 水彩绘画表现 / 074

5.1.4 马克笔绘画表现 / 076

5.2 彩铅时装画绘画表现 / 077

5.2.1 彩铅常用面料表现 / 077

案例 1 印染图案——丝绒印花连衣裙 / 077

案例 2 牛仔帆布——牛仔衬衣套装 / 079

案例 3 皮毛皮草——皮草领珠片薄纱小礼服 / 081

5.2.2 彩铅特质面料表现 / 083

案例 1 半透纱质时装款 / 083

案例 2 硬质网纱小礼服款 / 085

案例 3 针织休闲外套 / 087

5.3 水彩时装画绘画表现 / 089

5.3.1 水彩常用面料表现 / 089

案例 1 印染图案——度假休闲套装 / 089

案例 2 牛仔帆布——蓝灰牛仔马甲 / 092

案例 3 皮毛皮草——短款皮草外套 / 094

5.3.2 水彩特质面料表现 / 096

案例 1 毛呢混纺长款外套 / 096

案例 2 软皮夹克外套 / 098

5.4 马克笔时装画绘画表现 / 100

5.4.1 马克笔常用面料表现 / 100

案例 1 印染图案——真丝传统纹样休闲套衫 / 100

案例 2 牛仔帆布——破洞做旧牛仔装 / 102

案例 3 皮毛皮草——连帽皮草大衣 / 104

5.4.2 马克笔特质面料表现 / 106

案例 1 荧光涂层硬褶款 / 106

案例 2 PVC 半透休闲装 / 108

案例 3 缎面纱质半透时装款 / 110

案例 4 羽绒填充运动户外装 / 112

案例 5 混合技法表现硬纱连衣裙 / 114

CHAPTER 06 男装手绘综合技法表现 / 116

6.1 秋冬厚质款男装绘画表现 / 117
6.1.1 彩铅表现翻毛皮草休闲装 / 117
6.1.2 水彩表现皮草帽毛呢针织休闲装 / 119
6.1.3 彩铅表现渐变色羊毛休闲装 / 121
6.2 春夏轻薄款男装绘画表现 / 123
6.2.1 彩铅表现白色运动休闲装 / 123
6.2.2 马克笔表现针织休闲商务套装 / 125
6.2.3 马克笔表现商务轻奢西服套装 / 127
6.2.4 水彩表现印花图案休闲装 / 129

PART 3 进 阶 篇

——手绘高阶及 Procreate 技法训练

CHAPTER 07 局部人像 & 时尚街拍技法表现 / 134

7.1 局部人像技法表现 / 135
7.1.1 彩妆配饰风格表现 / 135
案例 1 渐变色中长发欧式中性风 / 135
案例 2 欧式甜美风 / 136
案例 3 包巾装饰镜嬉皮风 / 137
案例 4 民族元素装饰风 / 138
7.1.2 半身肖像风格表现 / 139
案例 1 编织材质装饰度假风 / 139
案例 2 薄纱花朵装饰田园风 / 140
7.2 时尚街拍技法表现 / 142
7.2.1 单人街拍 / 142
案例 1 水彩表现日系甜美风 / 142
案例 2 水彩表现休闲风 / 144
案例 3 彩铅表现牛仔街头风 / 146
7.2.2 组合街拍 / 148
案例 1 三人组皮衣休闲款 / 148
案例 2 三人组针织休闲款 / 150
7.2.3 亲子街拍 / 152
案例 1 婴童亲子拼色休闲装 / 152
案例 2 幼童连身裙亲子装 / 154
案例 3 幼童千鸟格纹毛呢亲子装 / 156

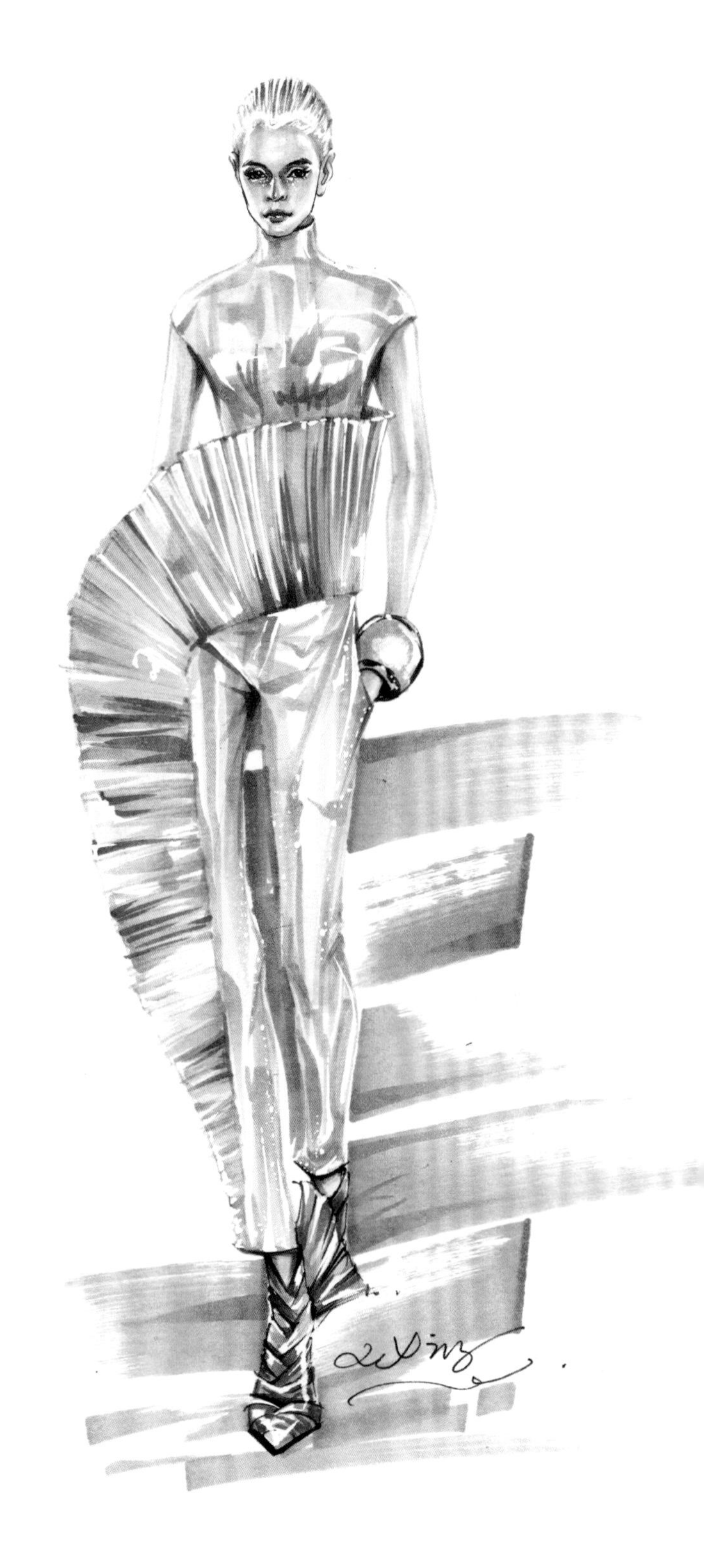

CHAPTER

08 婚礼服 & 高级晚礼服综合技法表现 / 158

8.1 婚礼服手绘技法表现 / 159

8.1.1 深色卡纸表现 X 形大蓬纱刺绣婚礼服 / 159

8.1.2 深色卡纸表现 A 形蓬纱碎花婚礼服 / 160

8.1.3 经典白纱婚礼服 / 162

8.2 高级礼服手绘技法表现 / 164

8.2.1 水彩表现透纱刺绣款 / 164

8.2.2 马克笔表现钉珠亮片款礼服 / 166

8.2.3 水彩表现轻薄糖果色礼服 / 168

CHAPTER

09 Procreate 辅助手绘技法表现 / 170

9.1 婚礼服类技法表现 / 171

9.1.1 A 形蓬纱款婚礼服 / 171

9.1.2 背侧 X 形蓬纱拖尾款婚礼服 / 175

9.1.3 鱼尾形婚礼服 / 178

9.1.4 亮片钉珠高级礼服 / 180

9.2 时尚休闲类技法表现 / 183

9.2.1 格子图案休闲男装 / 183

9.2.2 田园休闲风时装 / 185

9.2.3 羽绒休闲服 / 187

9.2.4 单人时装画材质快速表现 / 189

CHAPTER

10 作品赏析 / 192

DECIDES WA

PART 1

基础篇

人体在时装画中的作用主要是体现人物与服装款式的相互关系，因此人体基础是学习时装画的前提，扎实的基础功底往往能更好地表现服装款式与细节，因此人体造型训练十分重要。本部分内容涉及人体动态、五官造型、服装元素的基础性训练。

线条具有丰富的语言，其具有张力的画面表现可以有效传达设计师的理念和情感。在时装画中线条绘制是塑造人物的基础环节，充分运用线条的不同形态可以多层次进行款式表现。

CHAPTER 01

人体比例与动态

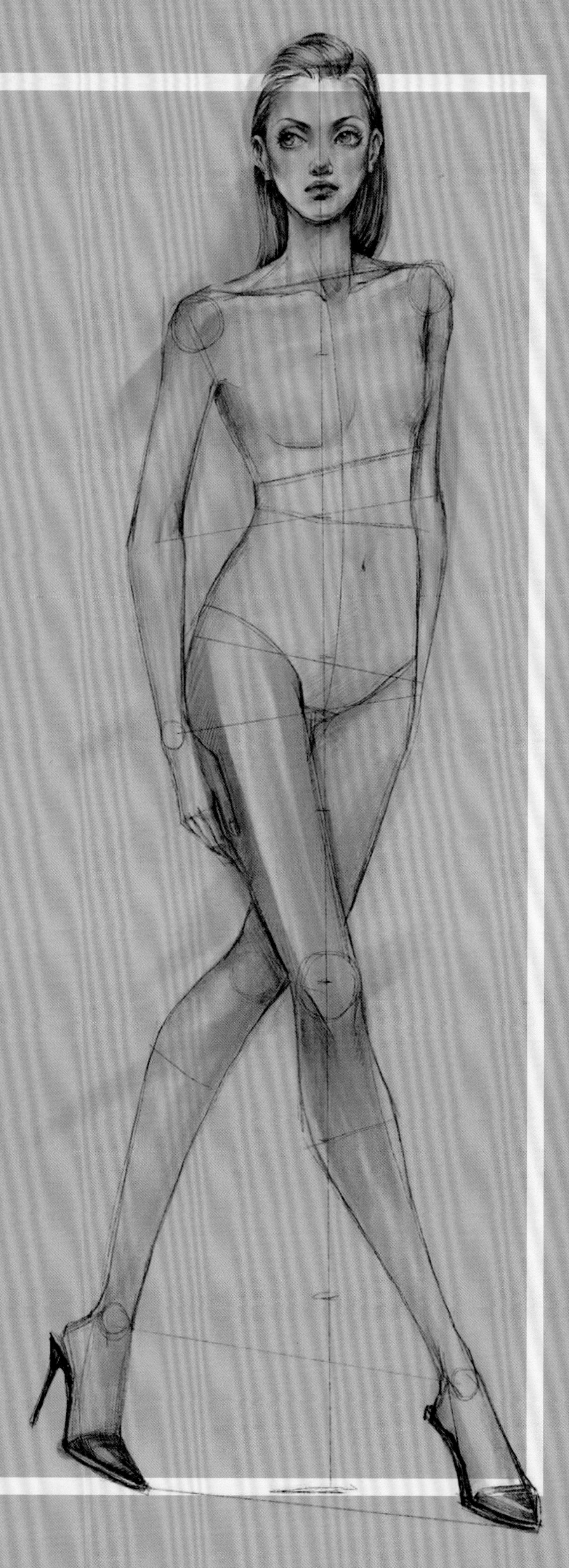

人体造型是时装绘画的基础，因此，需要熟知人体基本结构、比例与动态，这三者之间是逐渐递进的，也就是说大家先要了解人体结构基本知识，进而把握人体绘画比例，再熟练变换各种人体动态，最终服务于时装绘画。

由此可见，人体造型基础显得尤为重要，通过本章渐进式学习，读者可以逐渐掌握人体造型能力。

1.1 人体造型绘制

1.1.1 如何刻画人体轮廓

以八头身模特为例来了解人体肌肉分布，通过对关键部位肌肉的了解，来准确刻画人体轮廓。

时装画人体与写生人体不同，前者追求纤细修长和骨感之美，后者更注重结构与动感。对于时装画而言，只需把握以下 6 个关键部位。

- 头部 3 处：眼窝、颧骨、嘴部附近肌肉
- 脖颈 1 处：胸锁乳突肌
- 肩部 2 处：锁骨处、三角肌
- 小臂 2 处：前臂屈肌群、前臂伸肌群
- 上身 2 处：乳房、腹肌
- 腿部 5 处：大腿内外侧、小腿内外侧、膝关节附近肌肉

熟练刻画以上 6 处关键部位肌肉群，是进一步塑造人体的前提和基础，因此需要多加学习和练习。

1.1.2 如何塑造人体立体感

人体的肌肉起伏在光影效果影响下，会呈现不同的阴影效果，从而决定着人体的立体视效。

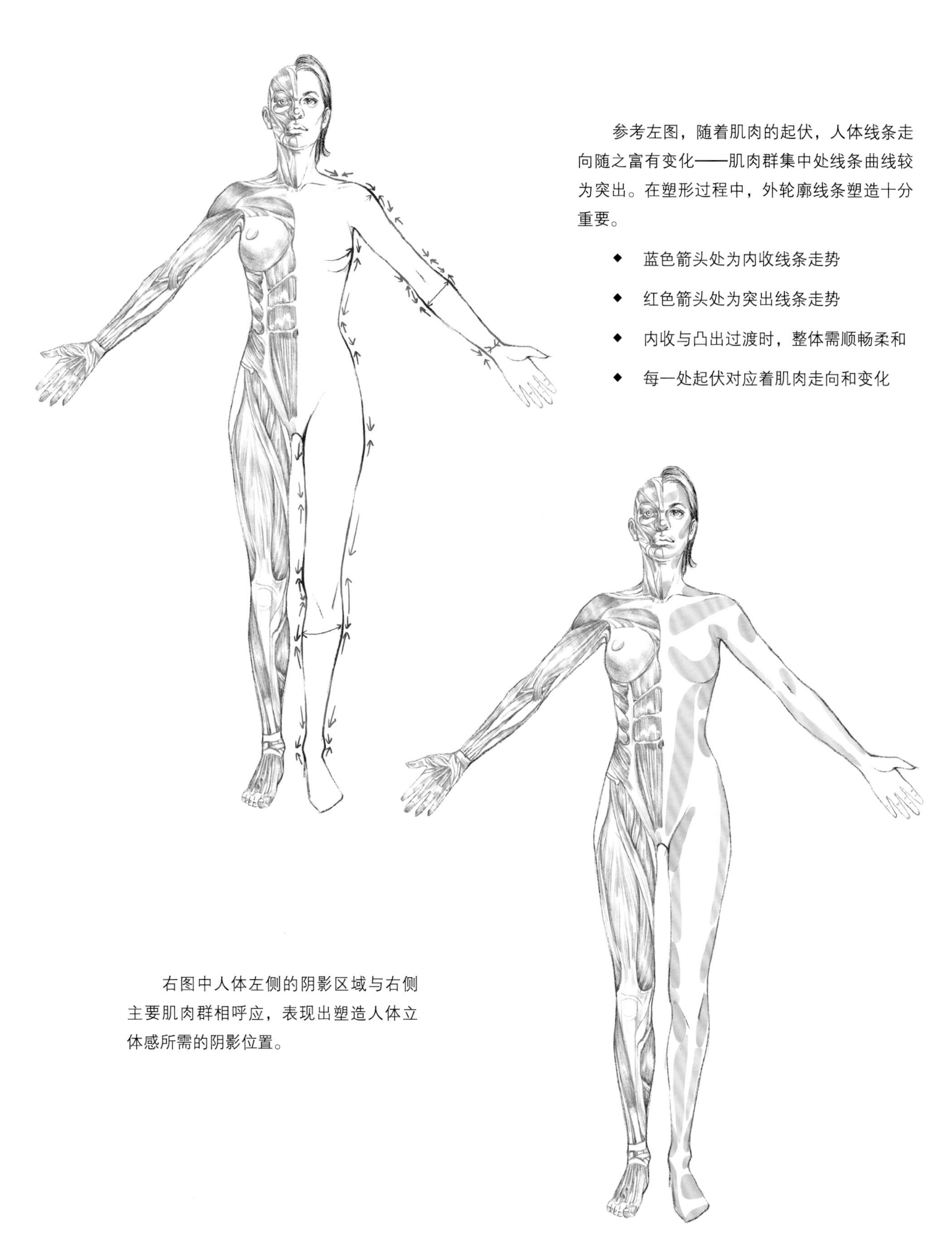

参考左图，随着肌肉的起伏，人体线条走向随之富有变化——肌肉群集中处线条曲线较为突出。在塑形过程中，外轮廓线条塑造十分重要。

- 蓝色箭头处为内收线条走势
- 红色箭头处为突出线条走势
- 内收与凸出过渡时，整体需顺畅柔和
- 每一处起伏对应着肌肉走向和变化

右图中人体左侧的阴影区域与右侧主要肌肉群相呼应，表现出塑造人体立体感所需的阴影位置。

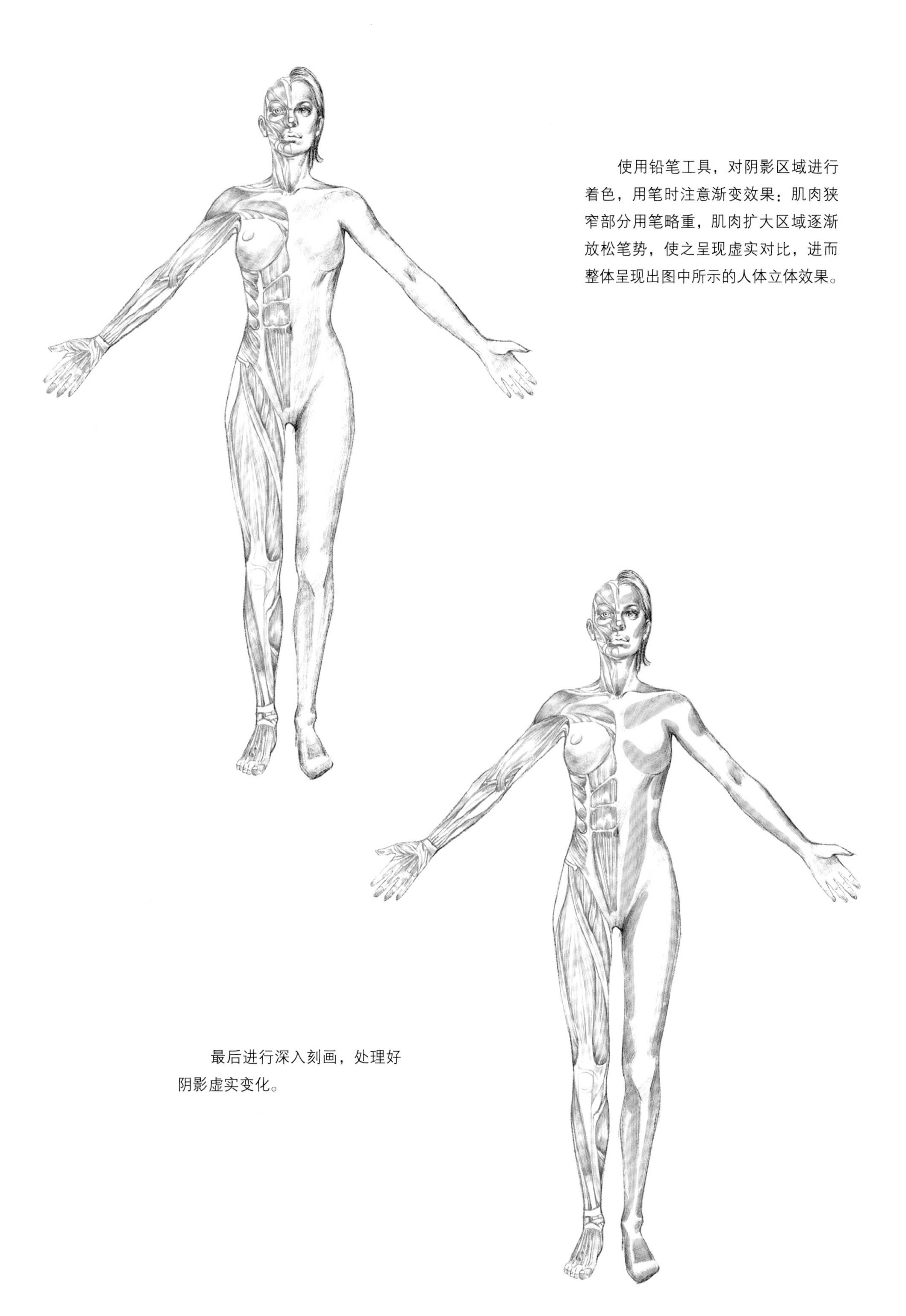

使用铅笔工具，对阴影区域进行着色，用笔时注意渐变效果：肌肉狭窄部分用笔略重，肌肉扩大区域逐渐放松笔势，使之呈现虚实对比，进而整体呈现出图中所示的人体立体效果。

最后进行深入刻画，处理好阴影虚实变化。

1.2 时装画人体比例与结构

1.2.1 如何确定人体比例

时装画人体比例与写生模特人体比例略有不同，为了更好地表现服装款式，通常使用 9 头身人体（婚礼服甚至可以用 10 ~ 11 头身人体），在这样的比例下延长的是腿部长度，因此在人体草图阶段可将人体表现多集中于下半身。

图中所示以头部为单位（不加发量厚度），上身与下身的比例关系为：上身 4 头、下身 5 头（足部可酌情多 0.5 头）。

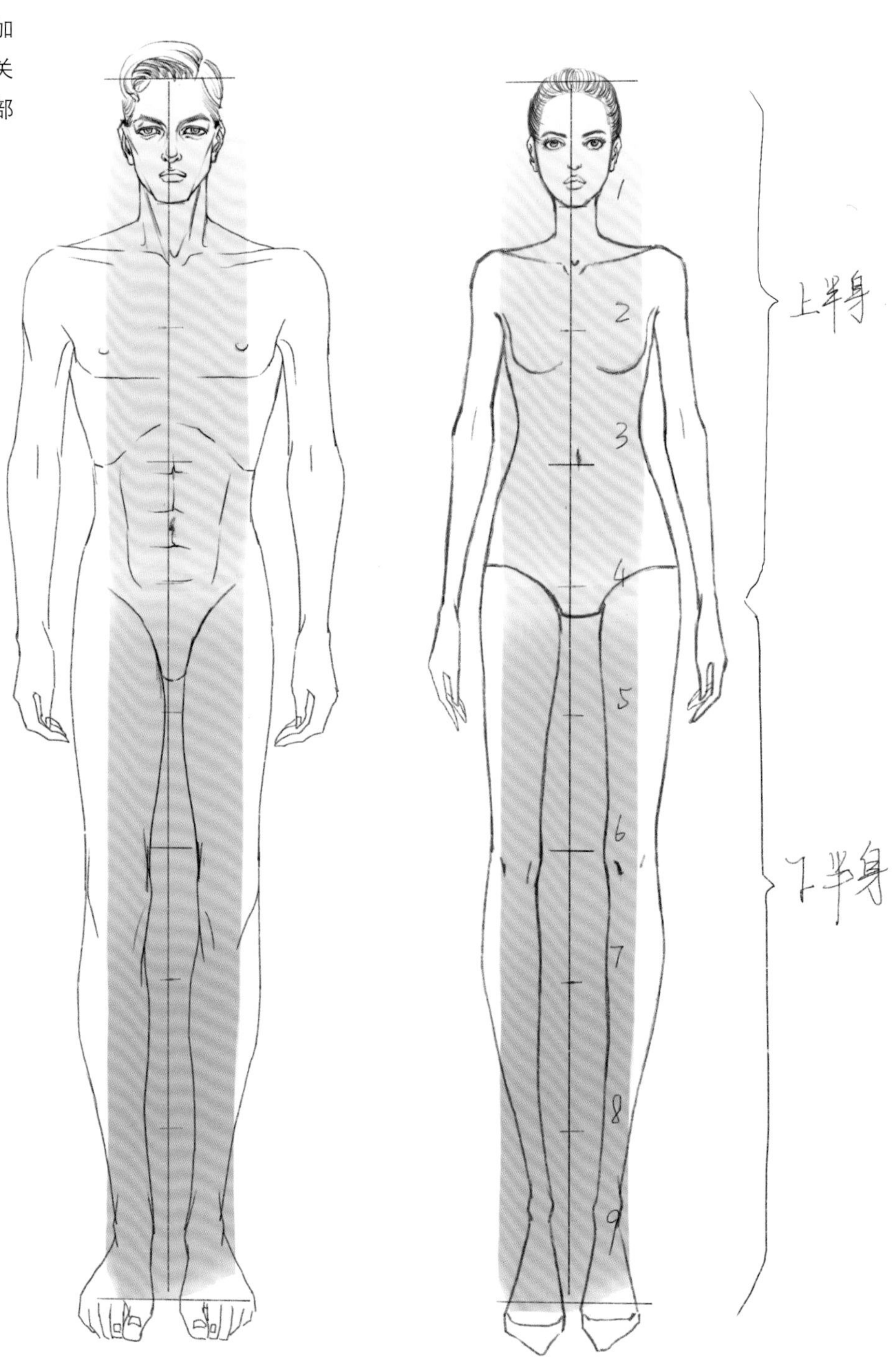

1.2.2 如何划分人体结构

案例 1　静态直立人体结构

由于人体结构较复杂，使用几何形表现人体结构最为简单易懂，在绘画时尽量简化，只需要从三个部分按顺序进行：

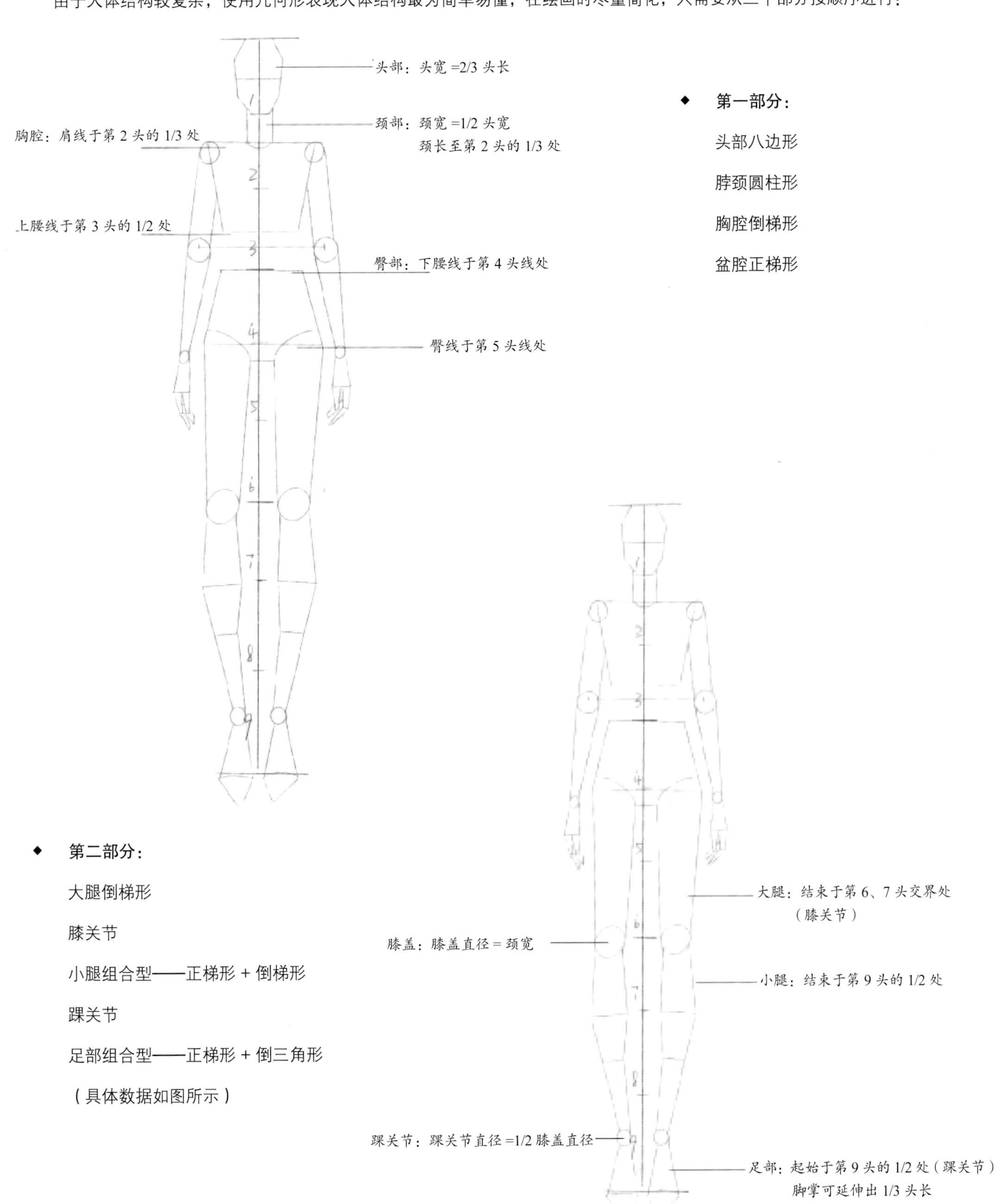

◆ **第一部分：**

头部八边形

脖颈圆柱形

胸腔倒梯形

盆腔正梯形

◆ **第二部分：**

大腿倒梯形

膝关节

小腿组合型——正梯形 + 倒梯形

踝关节

足部组合型——正梯形 + 倒三角形

（具体数据如图所示）

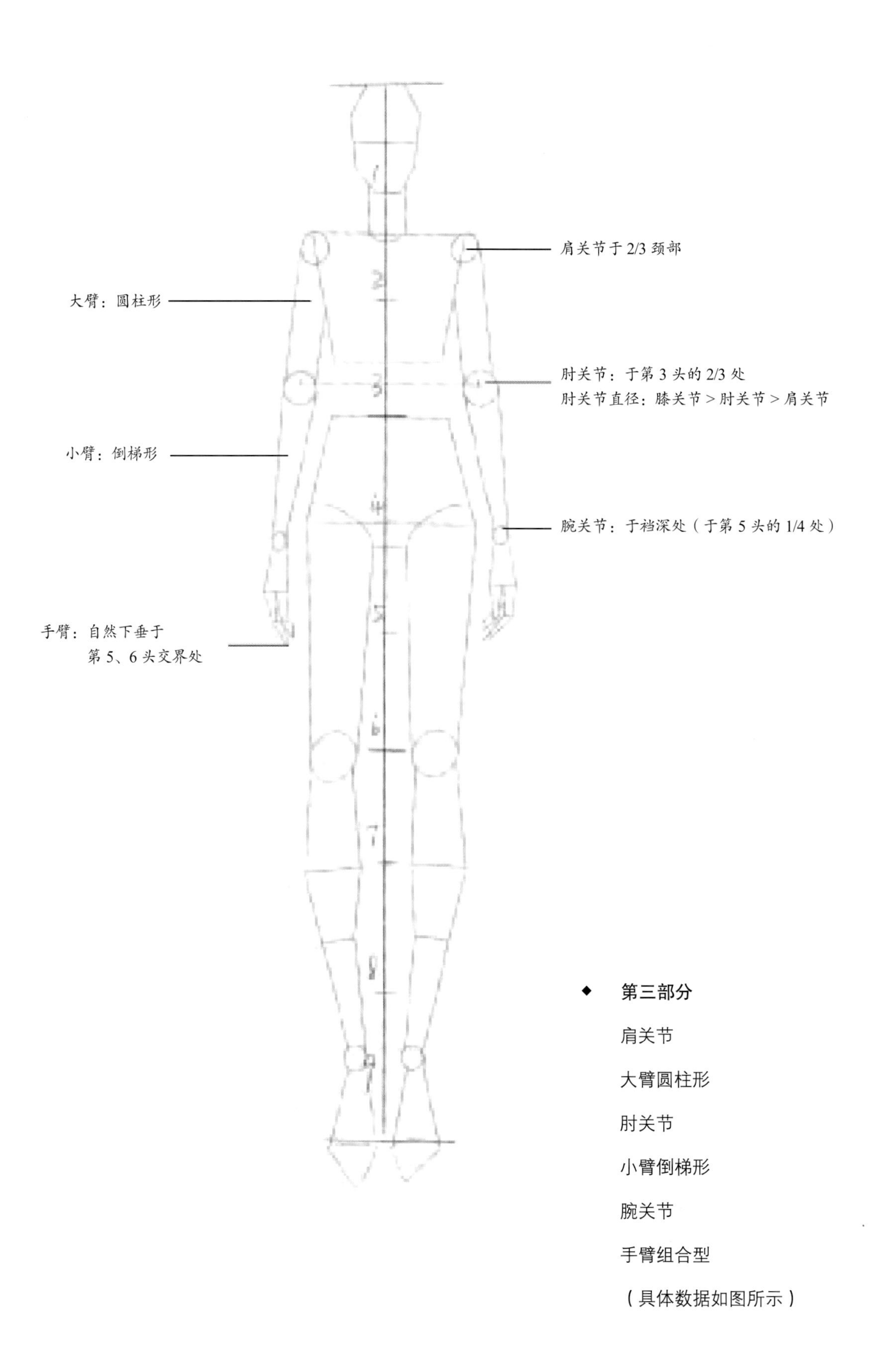

- **第三部分**

  肩关节

  大臂圆柱形

  肘关节

  小臂倒梯形

  腕关节

  手臂组合型

  （具体数据如图所示）

直立人体动态绘制流程如下所示。

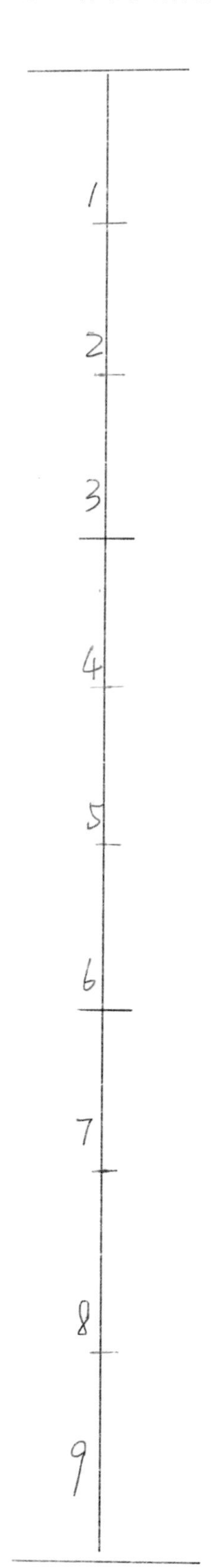

Step
01

构图。在画面中确定头与脚的位置，以头为单位平分 9 格。

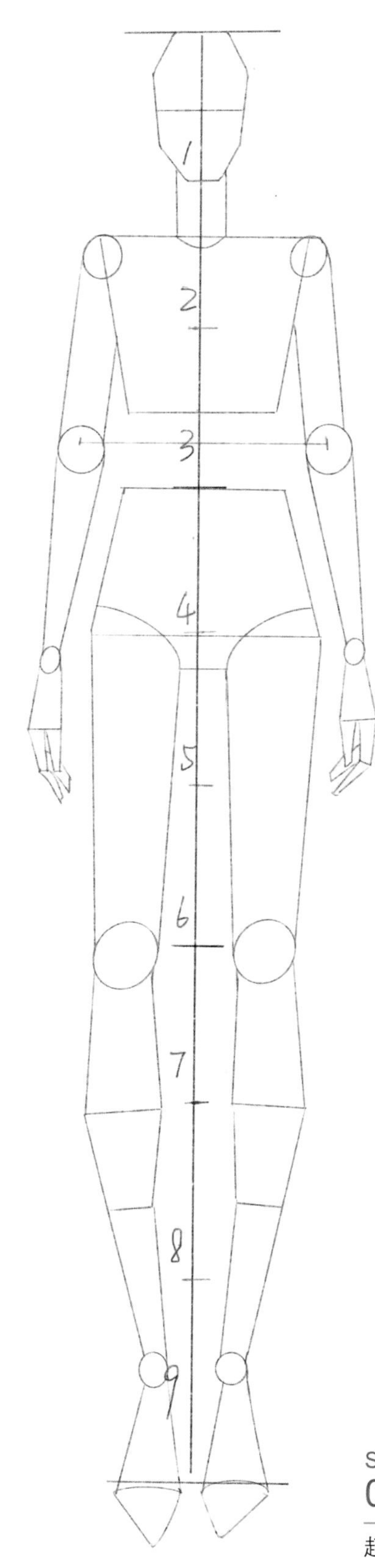

Step
02

起稿。将人体结构草图画出，此阶段线条平直干练。

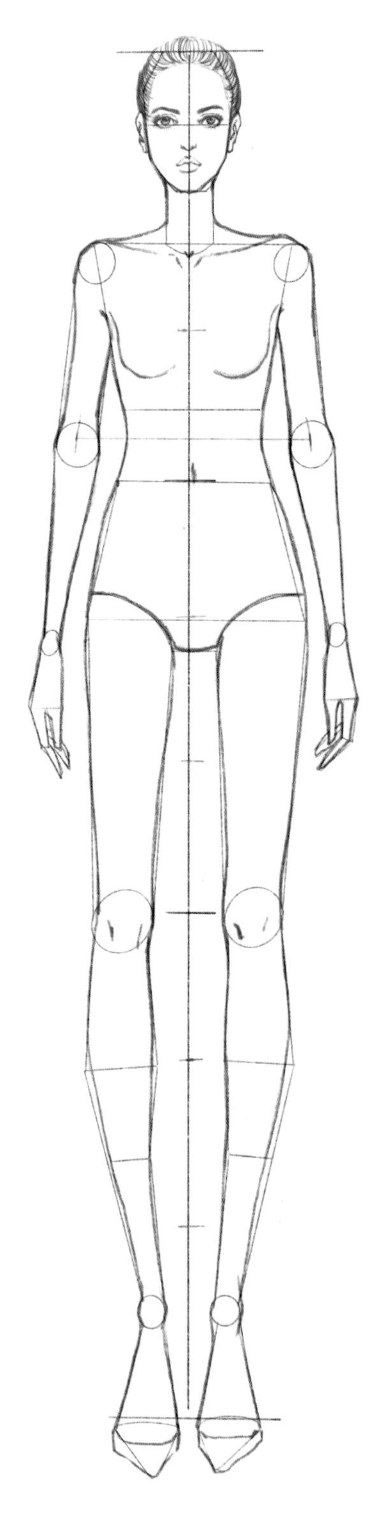

Step
03

结合前面人体肌肉群的学习，将各部位连接画顺，注意人体曲线的变化。

Step
04

完成直立人体线稿绘制。

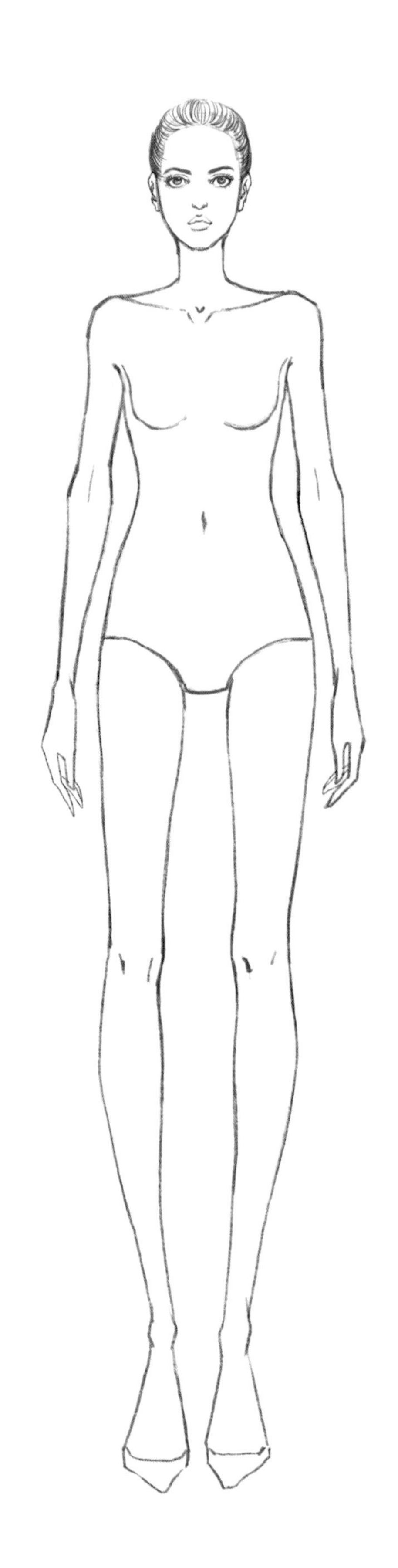

案例 2　动态直立人体结构

当人的重心移向一侧时，其重心产生转移，人体脊柱呈“C”形弯曲状态，人体动态随之变化——肩、臀、腿都会产生明显变化。

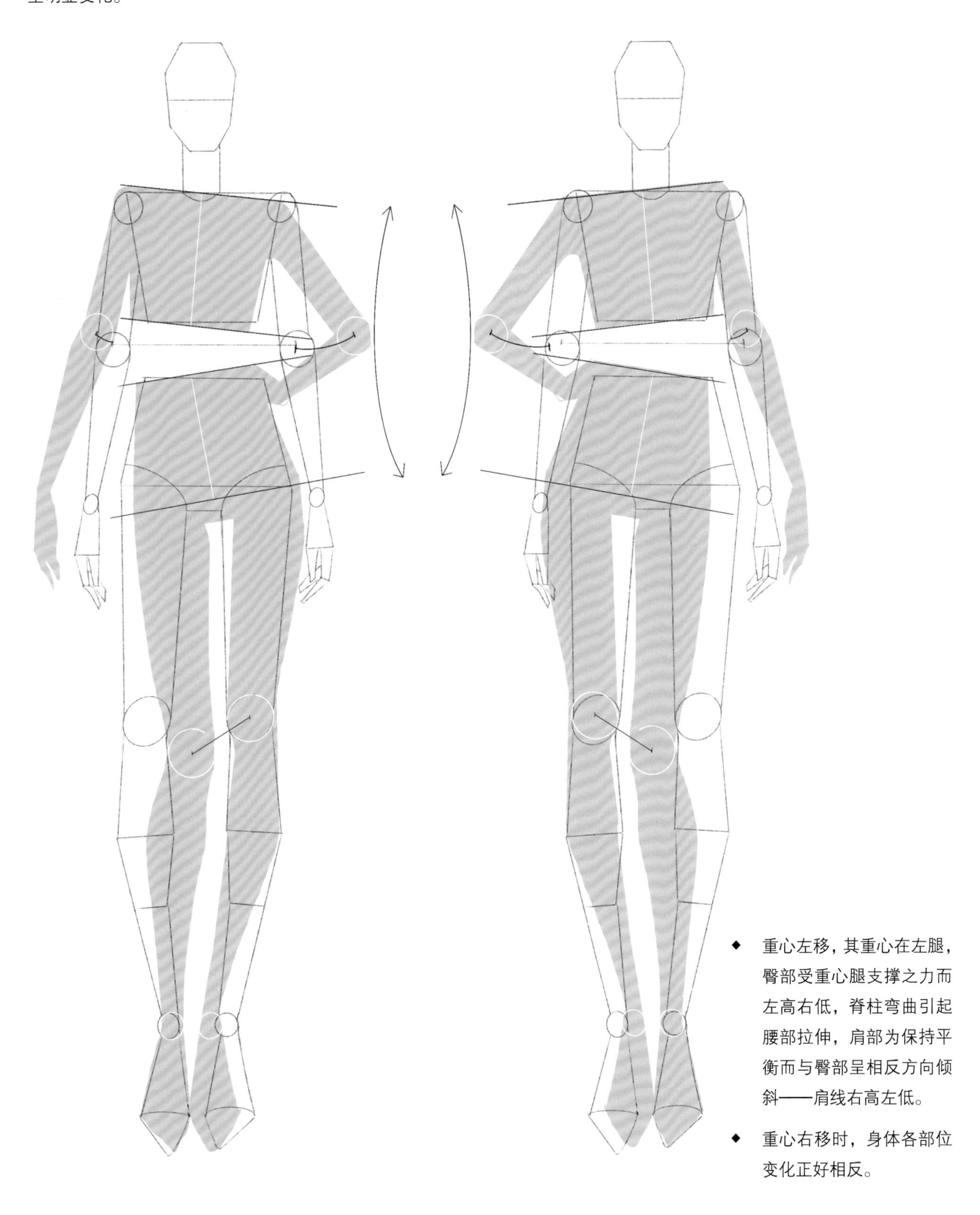

- 重心左移，其重心在左腿，臀部受重心腿支撑之力而左高右低，脊柱弯曲引起腰部拉伸，肩部为保持平衡而与臀部呈相反方向倾斜——肩线右高左低。
- 重心右移时，身体各部位变化正好相反。

1.3 常用女性人体动态绘制

基于人体重心的转移，人体动态变化极为丰富，把握动态可以更好地呈现不同角度的服装款式。本节列举几款常见的站姿动态以供练习。

1.3.1 正面女性人体动态

案例 1 左侧重心站姿

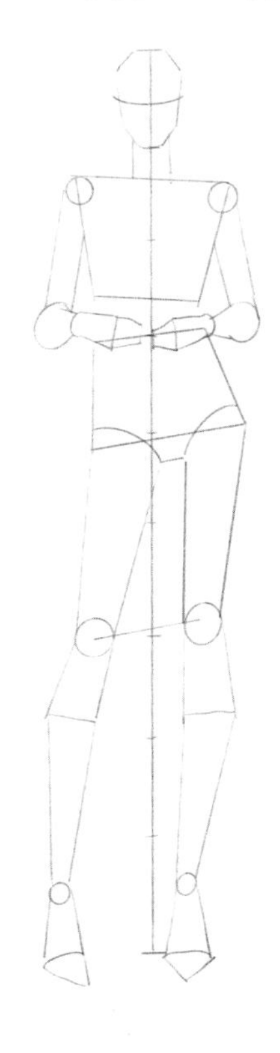

Step
01

起稿。将人体重心进行左移，选择双腿开立姿势，此动态难点在于手臂，双手交叠于腰部，注意小臂由于长度缩短，宽度相应增加。

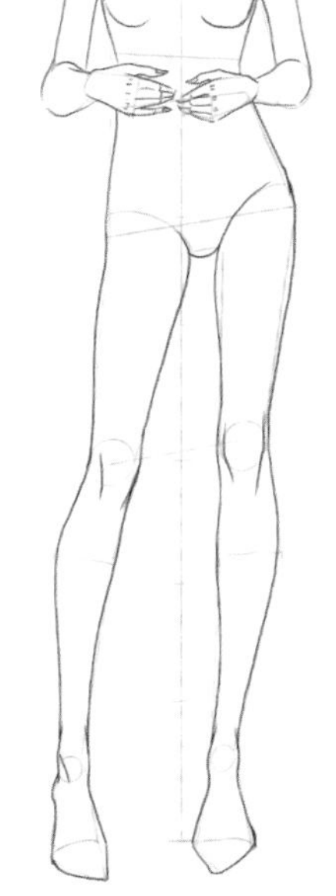

Step
02

用曲线连接人体各部位，注意肌肉起伏变化。

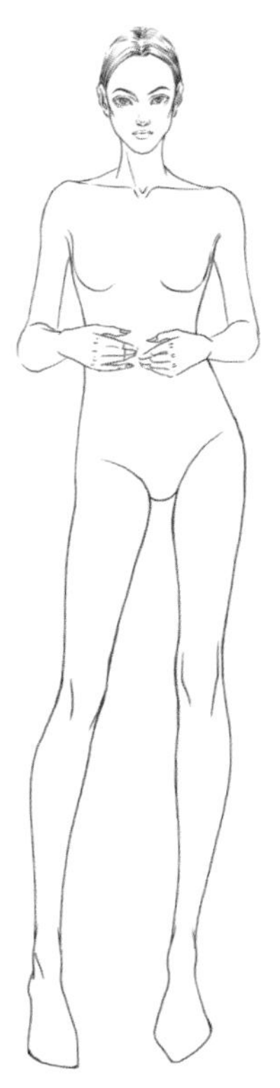

Step
03

清除底稿，保留干净的人体线稿，尽可能细化头部和手足的细节部分。

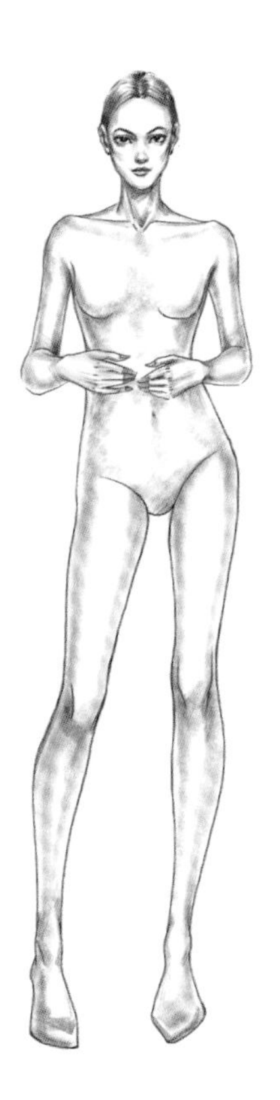

Step
04

确定光源，用素描手法塑造立体感，完成人体造型。

案例 2 右侧重心站姿

基本绘制步骤同案例 1，动态上需要注意重心左右变化。

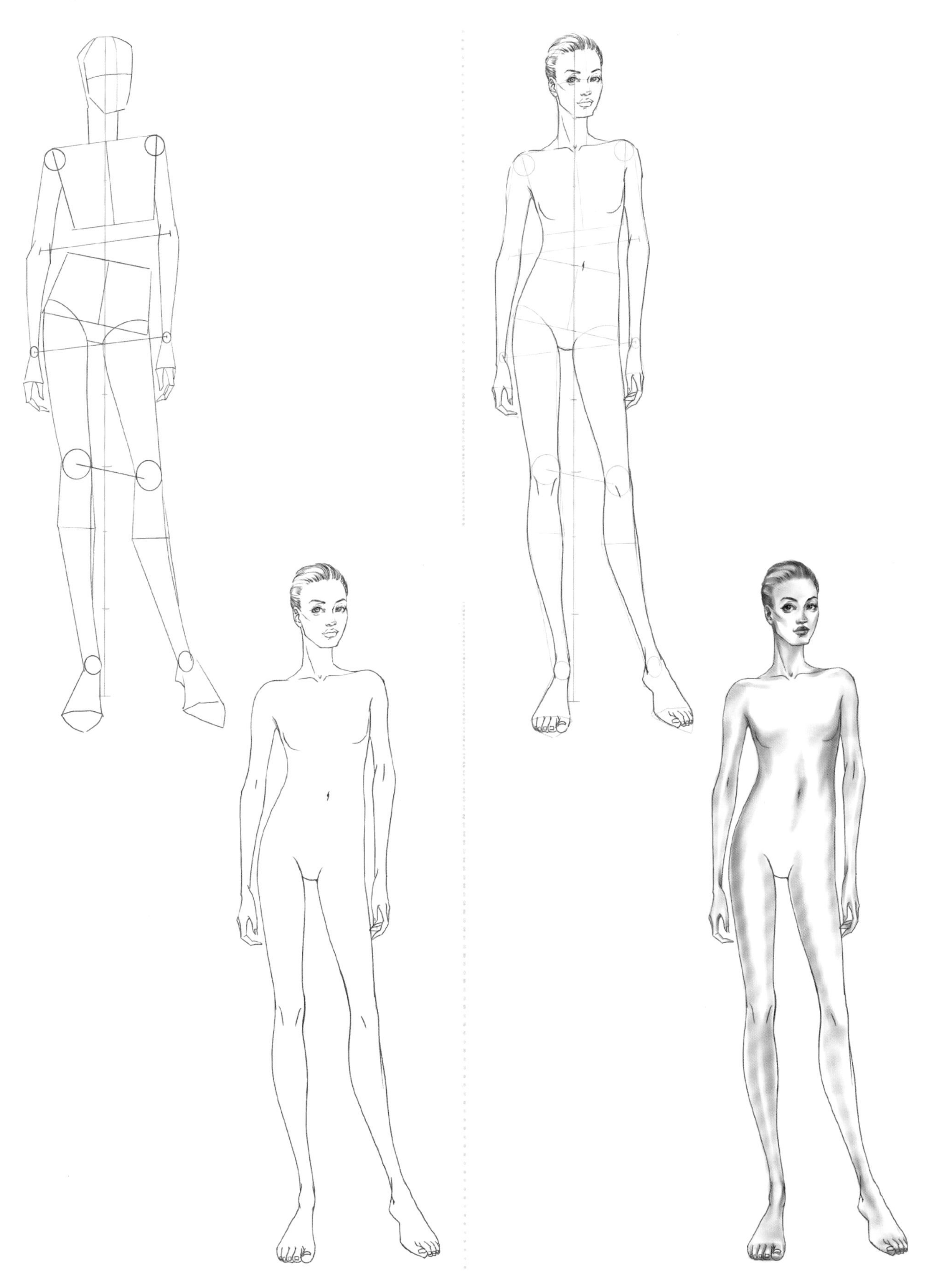

案例 3　左跨步走姿

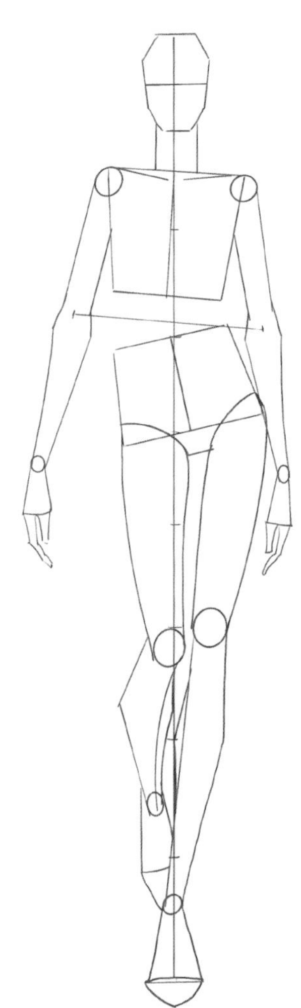

Step
01

起稿。将人体重心进行左移，左腿前迈，右腿跟进，双手自然垂于身体两侧。此动态难点在于右小腿的透视关系，由于长度缩短，宽度相应增加。

Step
02

用曲线连接人体各部位，注意肌肉起伏变化。

Step
03

清除底稿，保留干净的人体线稿，尽可能细化头部和手足的细节部分。

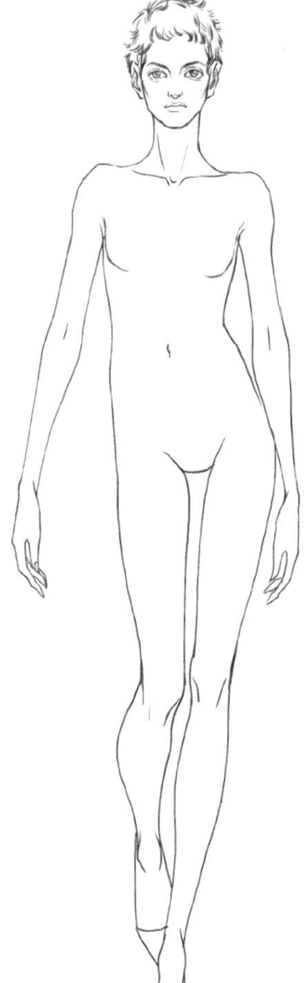

Step
04

确定光源，用素描手法塑造立体感，完成人体造型。

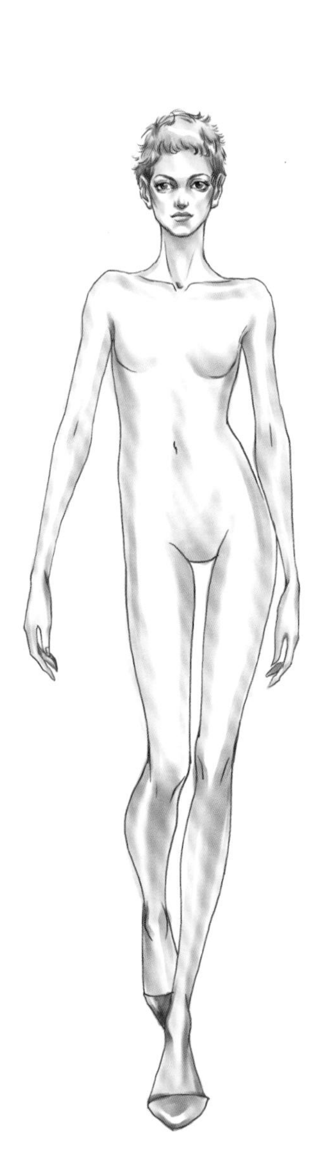

案例 4　右跨步走姿

基本绘制步骤同案例 3，动态上需要注意重心左右变化。

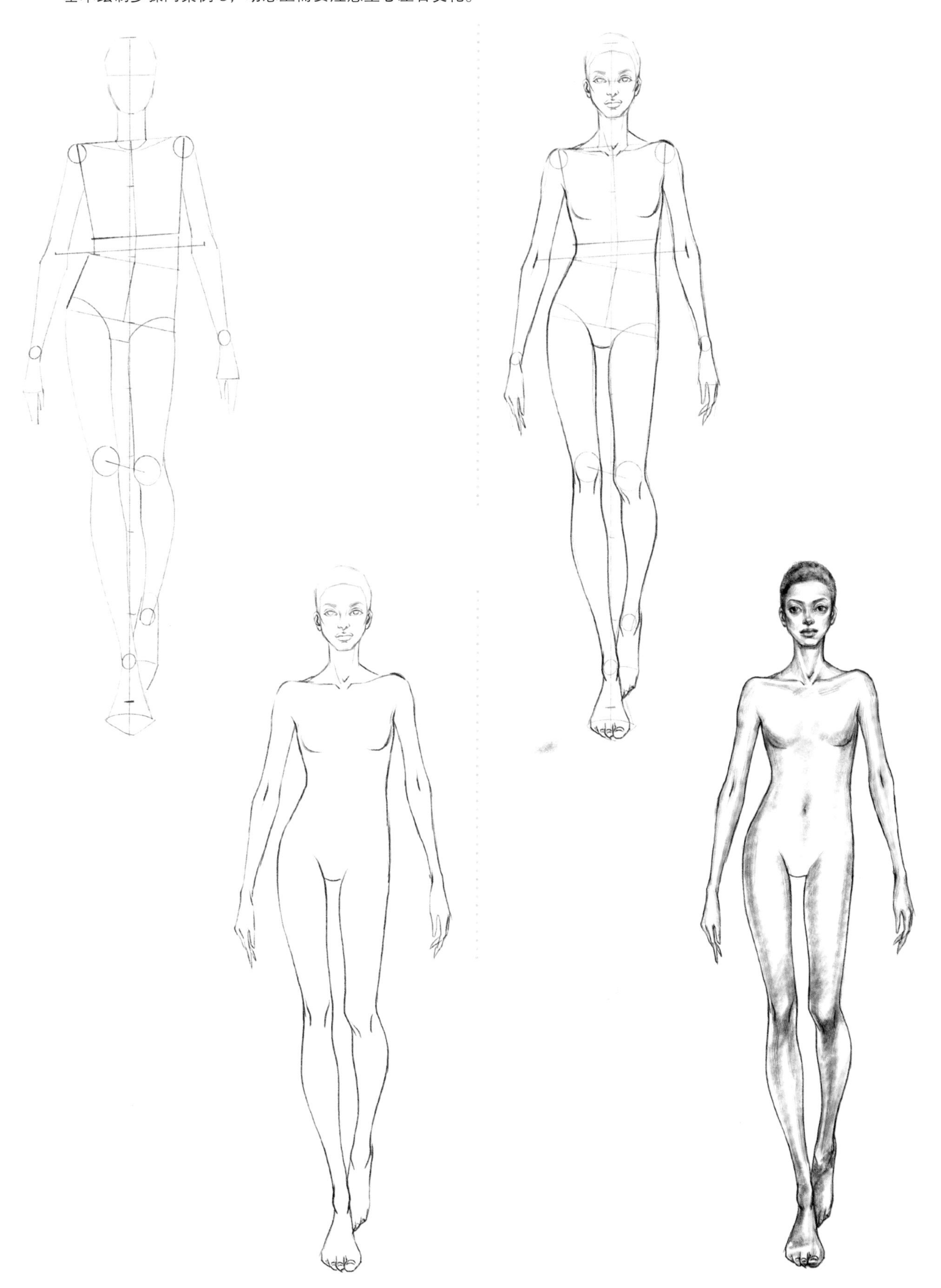

1.3.2 侧面女性人体动态

案例 1 半侧面走姿

Step
01

起稿。人体重心在左侧，左腿直立，右腿后撤，左手自然下垂，全身侧面站立。此动态难点在于准确表现出人体体块厚度。

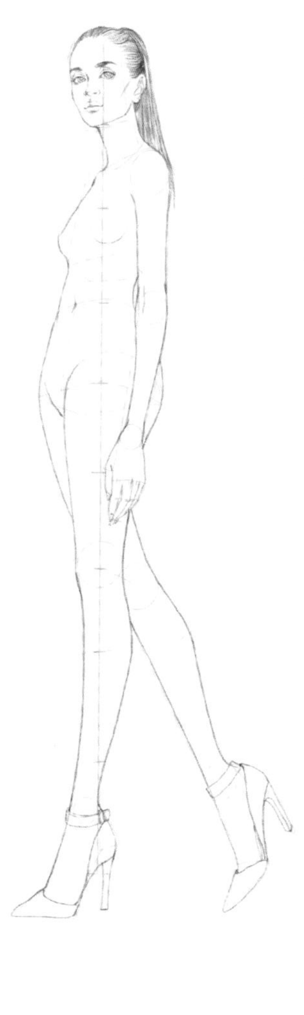

Step
02

用曲线连接人体各部位，注意肌肉起伏变化。

Step
03

清除底稿，保留干净的人体线稿，尽可能细化头部和手足的细节部分。

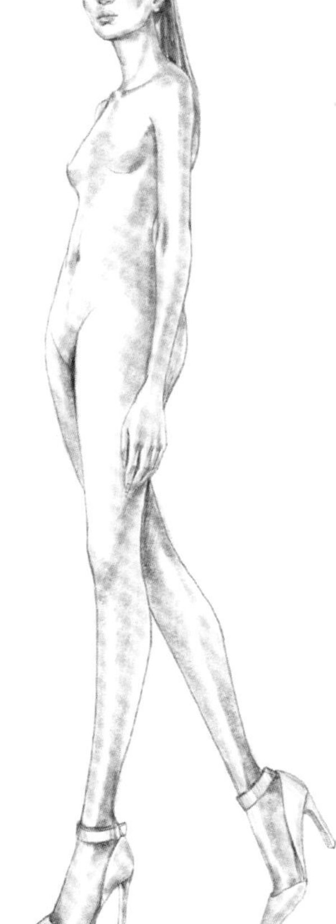

Step
04

确定光源，用素描手法塑造立体感，人体侧面均为暗部，可完整着色，着重表现肌肉变化，完成人体造型。

案例 2　半侧面站姿

Step
01

起稿。人体重心在右侧，右腿支撑，左腿于斜侧放松，右手自然下垂，左臂抬起以丰富体态动感。全身半侧面站立，此动态难点有 3 个：一是要准确表现出人体体块厚度；二是手肘抬起后手臂长度随之呈弧状抬起，切记不可改变手臂长度；三是两腿角度不同，引起大腿小腿轮廓线的变化。

Step
02

用曲线连接人体各部位，注意肌肉起伏变化。

Step
03

清除底稿，保留干净的人体线稿，尽可能细化头部和手足的细节部分。

Step
04

确定光源，用素描手法塑造立体感，人体侧面均为暗部，可完整着色，着重表现肌肉变化，完成人体造型。

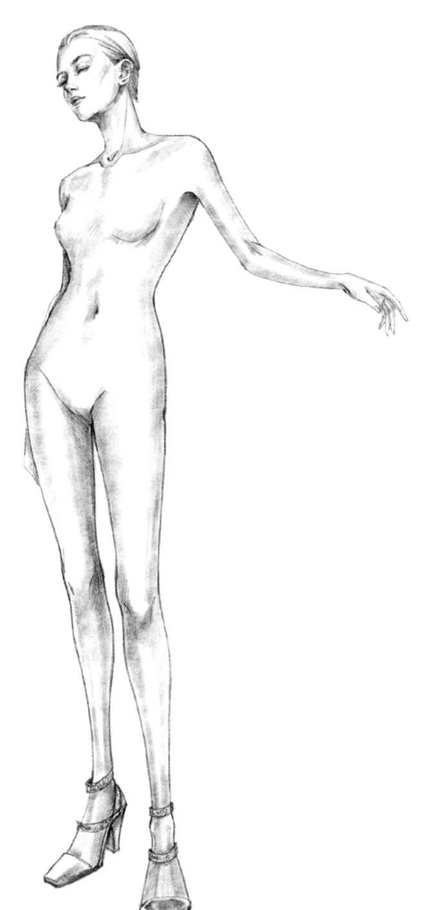

案例 3 微侧面走姿

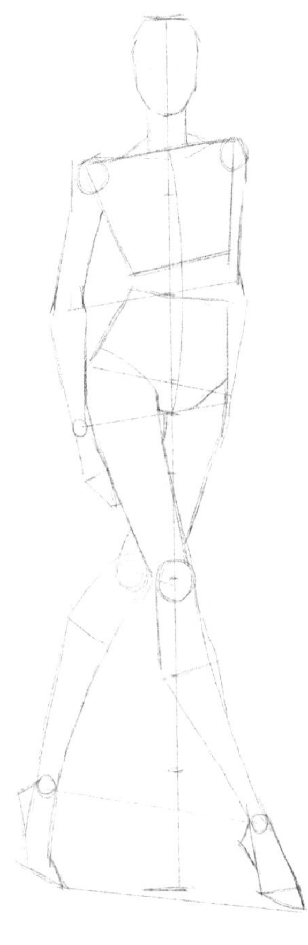

Step
01

起稿。人体重心在右侧，右腿前迈，左腿于后侧方跟进，右手贴于腿侧，上身基本呈正面状态，下身微扭转呈半侧状态。此动态难点有两个：一是动态协调感；二是左右足部角度的变化。

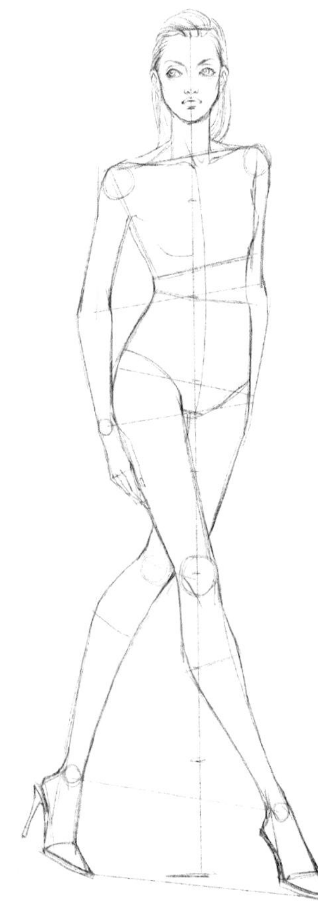

Step
02

用曲线连接人体各部位，注意肌肉起伏变化。

Step
03

清除底稿，保留干净的人体线稿，尽可能细化头部和手足的细节部分。

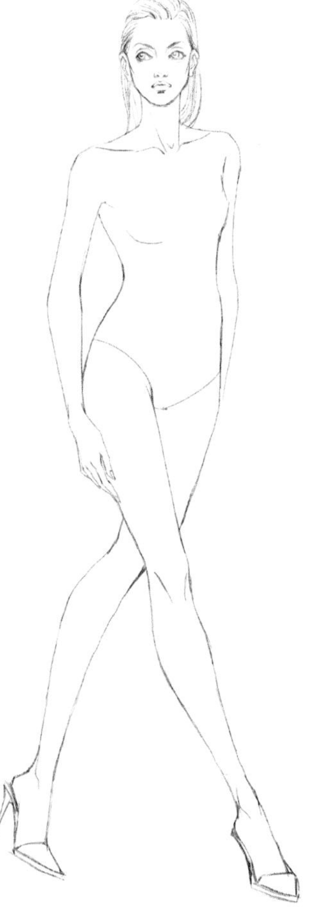

Step
04

确定光源，用素描手法塑造立体感，着重表现肌肉变化，完成人体造型。

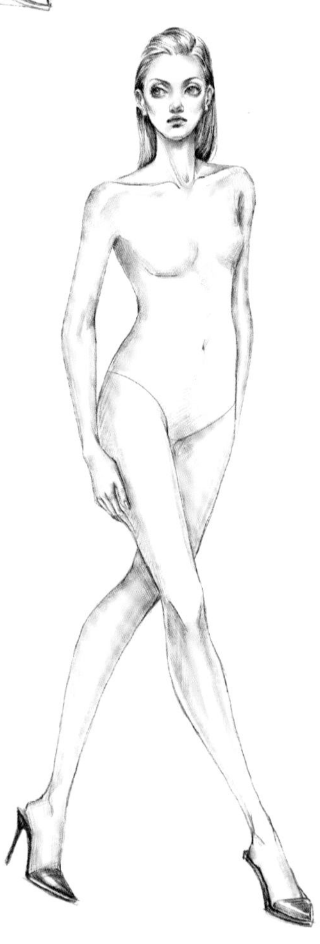

1.4 常用男性人体动态绘制

1.4.1 男性人体比例与动态

男性人体与女性人体相比，各个围度要略宽一些，尤其是脖颈和肩部，要表现出一定的肌肉感，使得男性人体整体上呈“倒三角形”。下面以直立男性人体为例，分步骤解析绘画流程。

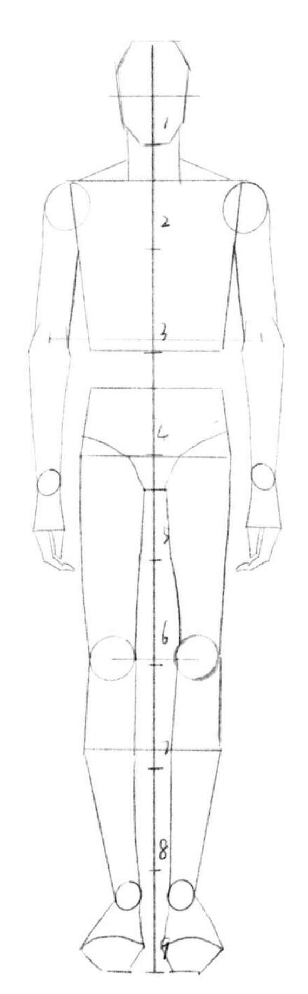

Step
01

起稿。划分比例，将人体结构草图画出，此阶段线条平直干练。

Step
02

定轮廓。根据人体肌肉分布，将各部位连接画顺，注意人体曲线的变化。

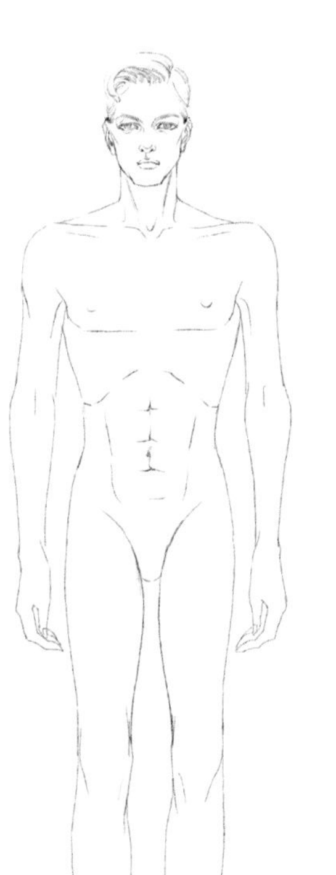

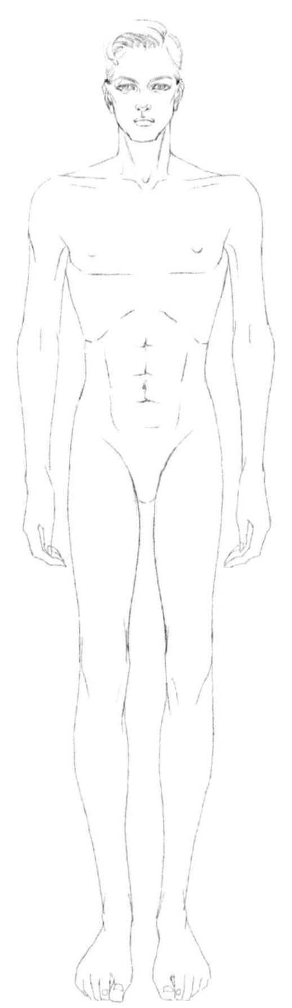

Step
03

大致画出人体肌肉分布。男性人体需表现出肩、胸、腹、大腿处肌肉。

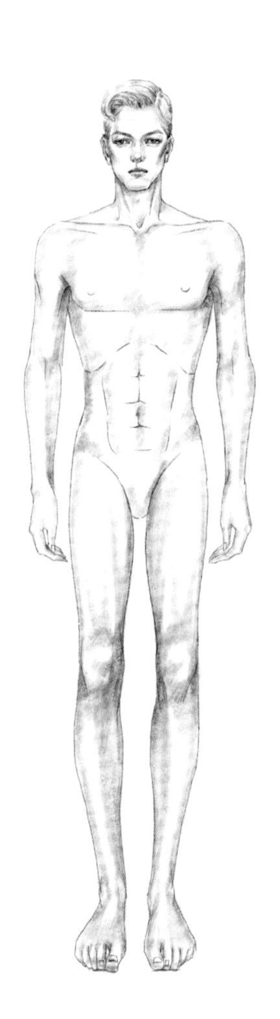

Step
04

画阴影。根据人体起伏变化画出明暗关系，表现立体效果。

1.4.2 男性人体动态速写

男性人体由于其胸腔宽而长、腰腹短而窄的结构特点，其动态表现相对有局限性，与女性人体动态有较大区别。下面以男性走姿动态为案例，分步骤解析男性人体动态画法。

案例 1　背心基础款男性走姿

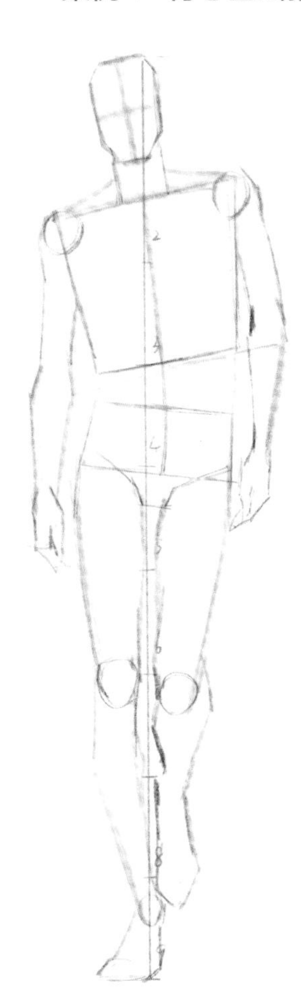

Step
01

起稿。男性人体动态表现集中于肩部的幅度大小，本案例走姿人体重心在右侧，右腿前迈，左腿后撤。

Step
02

用曲线连接人体各部位，注意肌肉起伏变化。

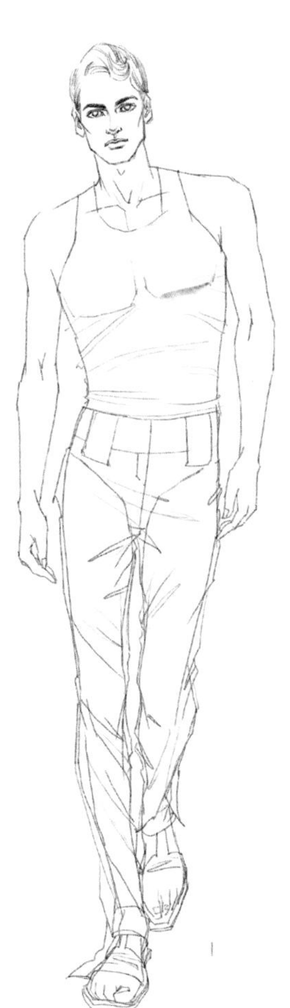

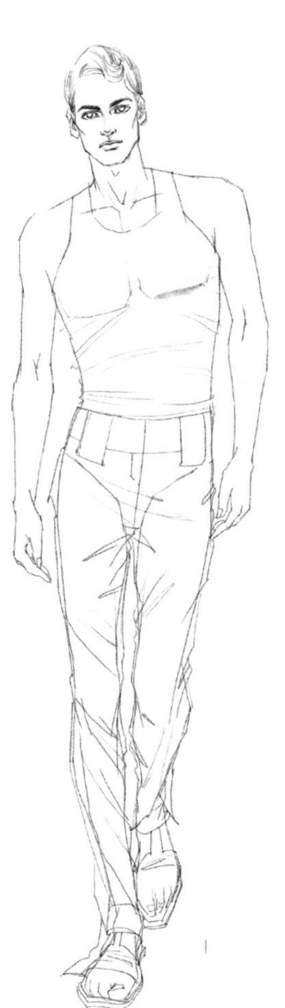

Step
03

保留干净的人体线稿，根据人体动态画出服装款式，注意面料空间与衣褶变化。

Step
04

用素描手法塑造立体感，将裸露部分、衣褶、服装细节等进行深入刻画，完善画面效果。

案例 2　夏日休闲款左跨步男性走姿

Step
01

起稿。人体重心在左侧，左腿前迈，右腿后撤。注意案例中男性走姿相对轻松，富有变化。

Step
02

用曲线连接人体各部位，注意肌肉起伏变化。

Step
03

保留干净的人体线稿，根据人体动态画出服装款式，注意面料空间、衣褶变化及装饰。

Step
04

用素描手法塑造立体感，将裸露部分、衣褶、服装细节等进行深入刻画，完善画面效果。

CHAPTER 02

五官与发型的绘画表现

人体是表现时装的载体，人物头部的细节表现增强了时装设计的真实感。

五官与发型的绘画表现是头部造型中的难点，也是重点，当然时装画更注重妆发的色彩与形态，因此要勤加练习。

2.1 头部结构绘制

2.1.1 五官绘画解析

眼睛的画法

眼睛绘画主要把握两个要点，一是形状，二是线条。形状决定眼睛画得是否生动有神采，线条的虚实表现决定眼睛的结构和立体效果。

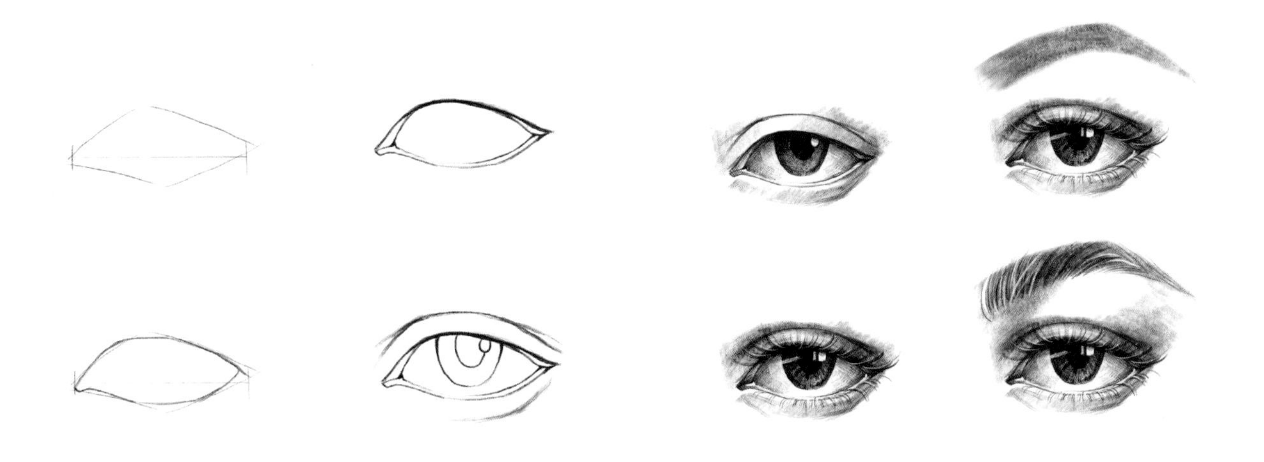

案例 1 欧美风格眼部特征

欧美人的眼睛最突出的特点是高而窄的眉弓，以及深邃的双眼皮。将这两个部分深入刻画，即可表现出生动有特点的欧美模特。

案例 2 亚洲风格眼部特征

亚洲人的眼睛特征与欧美人的截然相反，有浅而宽的眉弓和眼窝，还有以内双或单眼皮为主的上眼皮结构，且整体眼眉骨骼偏平直，因此在绘画表现上更趋向平面装饰效果。

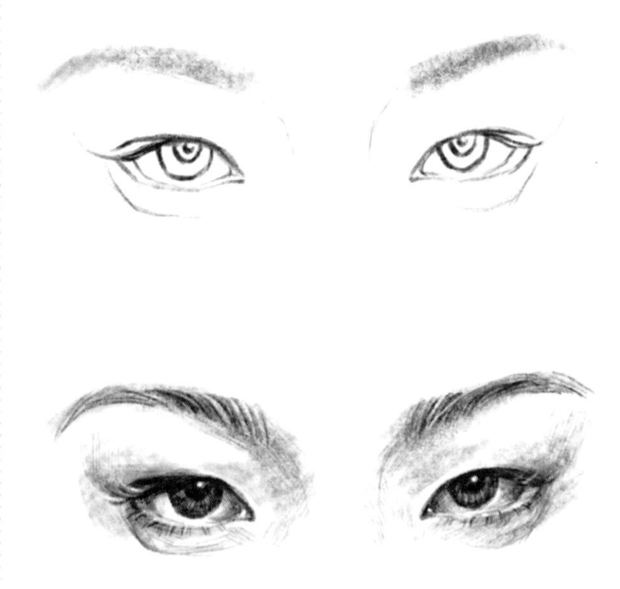

鼻子的画法

鼻子的骨骼结构相对复杂，从鼻根至鼻头处骨骼变化微妙且丰富，而时装画五官表现并不需要过于写实，所以我们可以选择几个部位重点刻画，突出其立体效果：一是鼻根与眼窝连接处，二是鼻底阴影部分，三是鼻头突出部分，协调好这三个部分的造型和阴影描绘，即可成功塑造挺拔立体的鼻子。

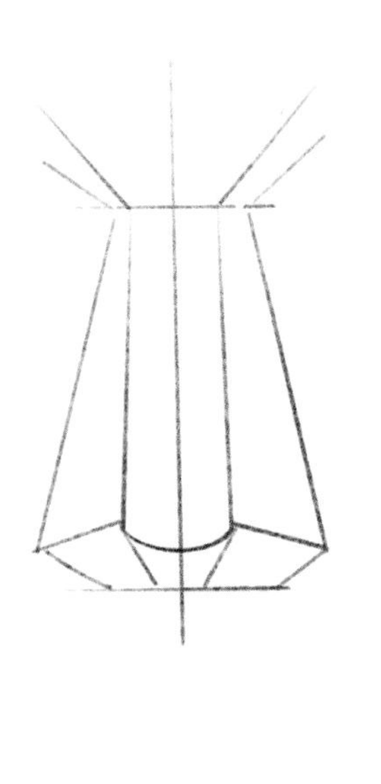

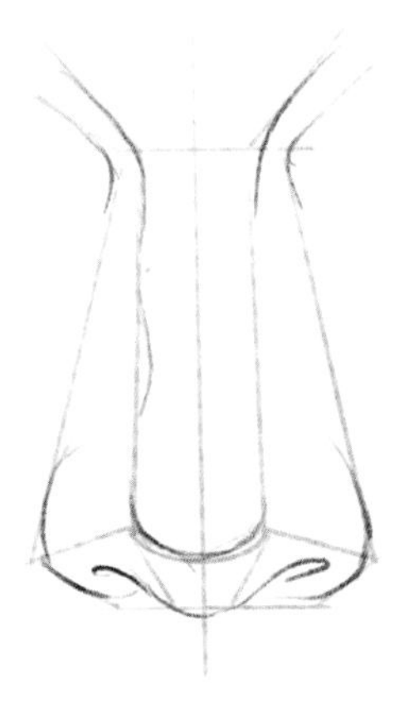

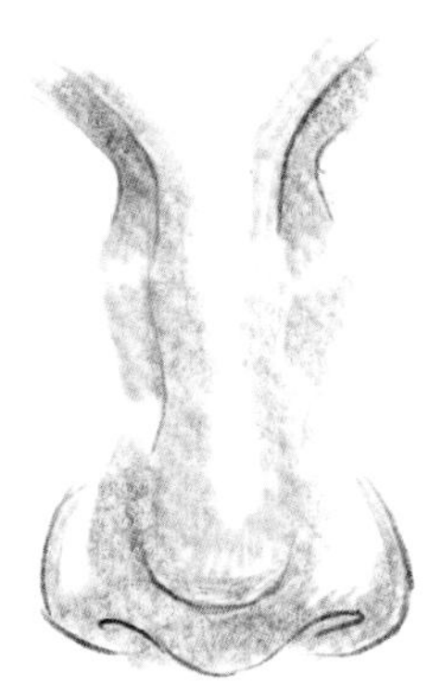

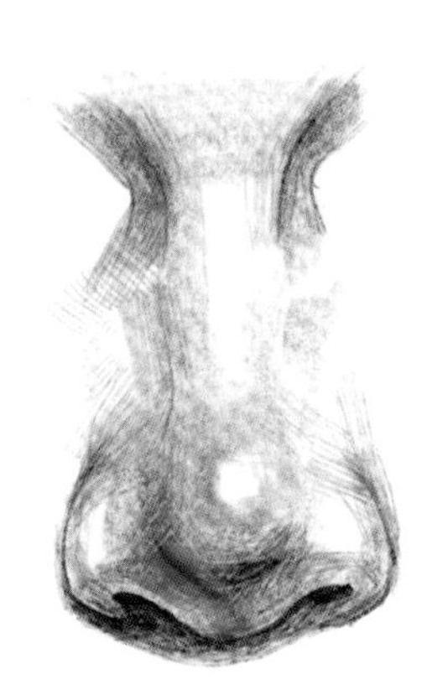

案例 3　高窄鼻梁特征

高而窄的鼻梁多见于脸部比较消瘦、五官深刻的模特，其表现难度较低，易于塑造立体效果。

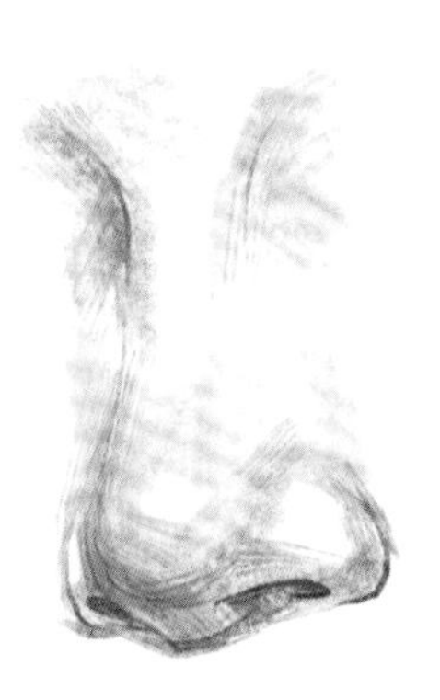

案例 4　宽鼻梁特征

较宽的鼻梁和圆鼻头多见于圆脸且肉感突出的模特。此类案例在绘画时需控制笔触，过渡顺畅。

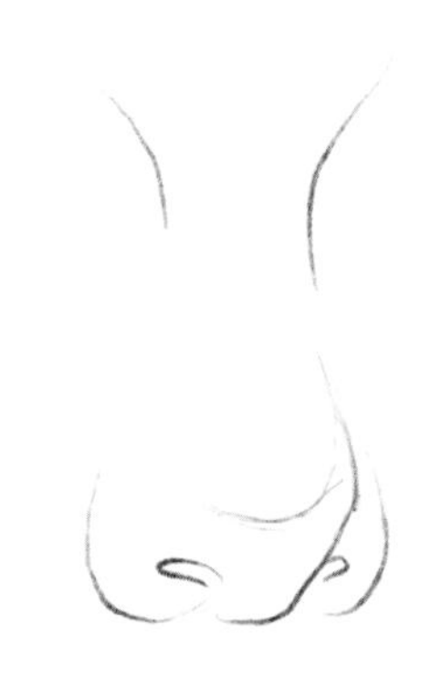

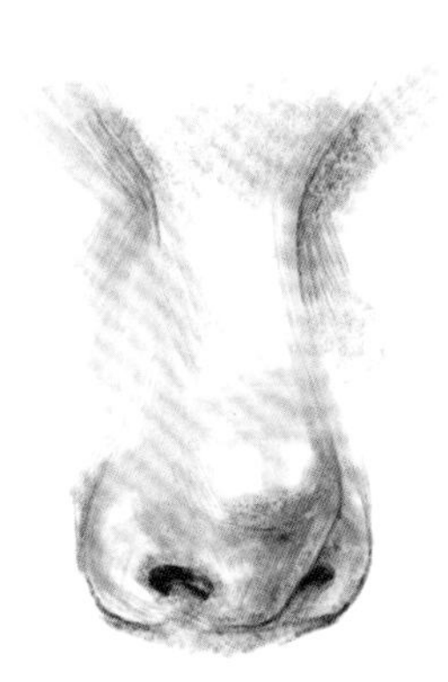

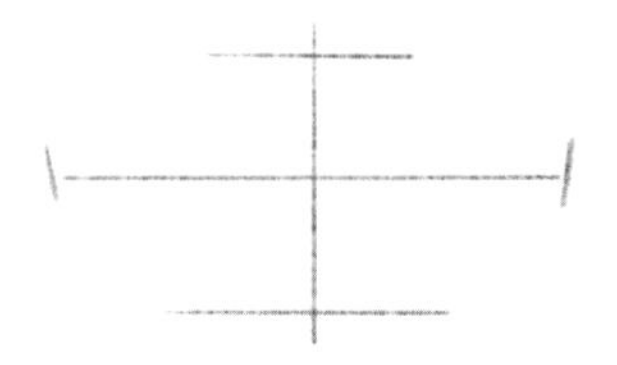
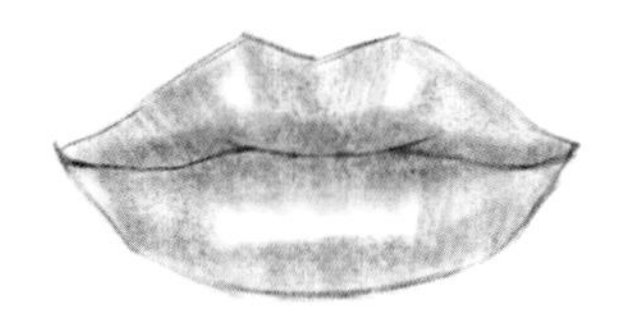

嘴唇的画法

嘴唇的塑造较为简单，只需准确刻画出上下唇明暗转折即可。嘴唇需要突出其厚度，并根据光源保留高光。

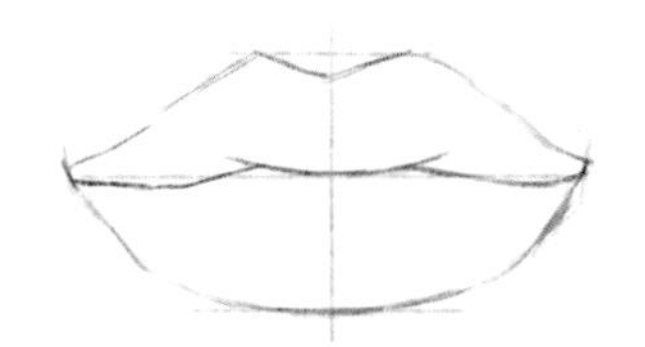
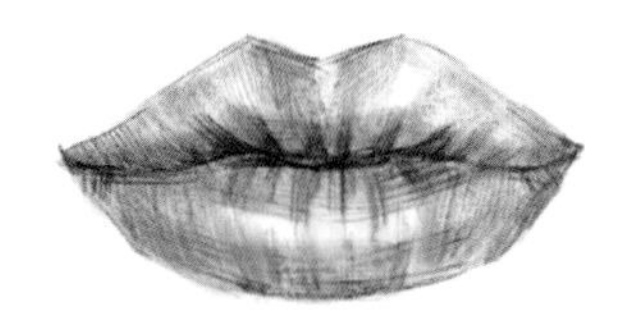
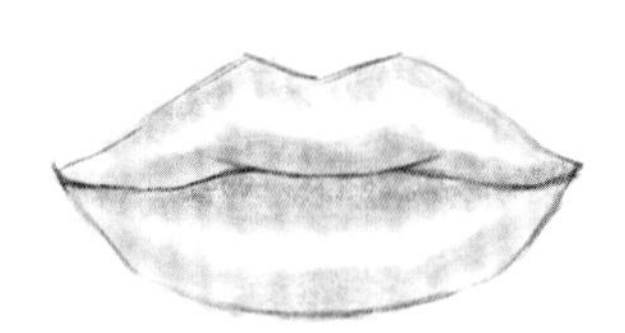

案例 5　下唇丰厚唇形

下唇丰厚唇形着重表现的是下嘴唇，充分将下嘴唇的阴影准确刻画即可，有时可根据模特嘴唇特征，适当加些唇纹来丰富嘴唇造型。

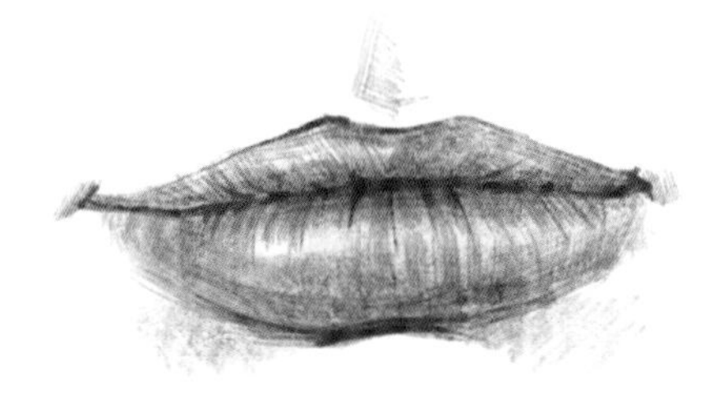

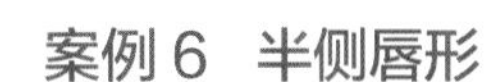

案例 6　半侧唇形

半侧嘴唇难点是嘴唇轮廓的转折和透视。如下图所示，右边转折处要注意上唇覆盖下唇，且阴影上色较重。

耳朵的画法

耳朵的外轮廓造型较为复杂，对形准的要求较高，虽然时装画中耳朵的绘画已经省略了很多结构细节，但大的廓形特征依然要准确表现。

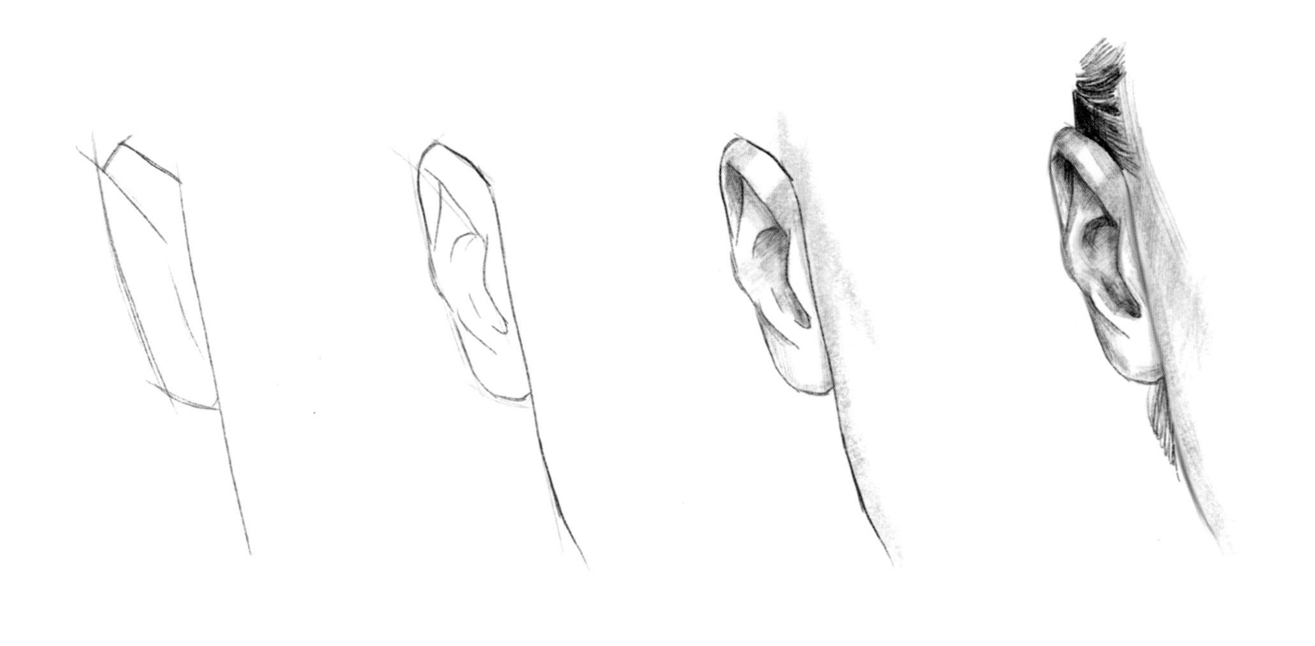

案例 7 正侧面耳朵

相比正面的耳朵造型，正侧面的耳朵表现较有难度，一是耳部轮廓全部呈现，增加了造型难度；二是耳内结构较多呈现，阴影上色难度也随之增加。但除了特殊的时装画肖像表现需要，大部分的效果图并不会涉及正侧面的耳部造型。即便如此，也需要多加练习，侧面的耳部绘画会帮助巩固正面耳朵造型的刻画。

案例 8 半侧面耳朵

半侧面耳朵造型基本可参考正面耳朵造型。

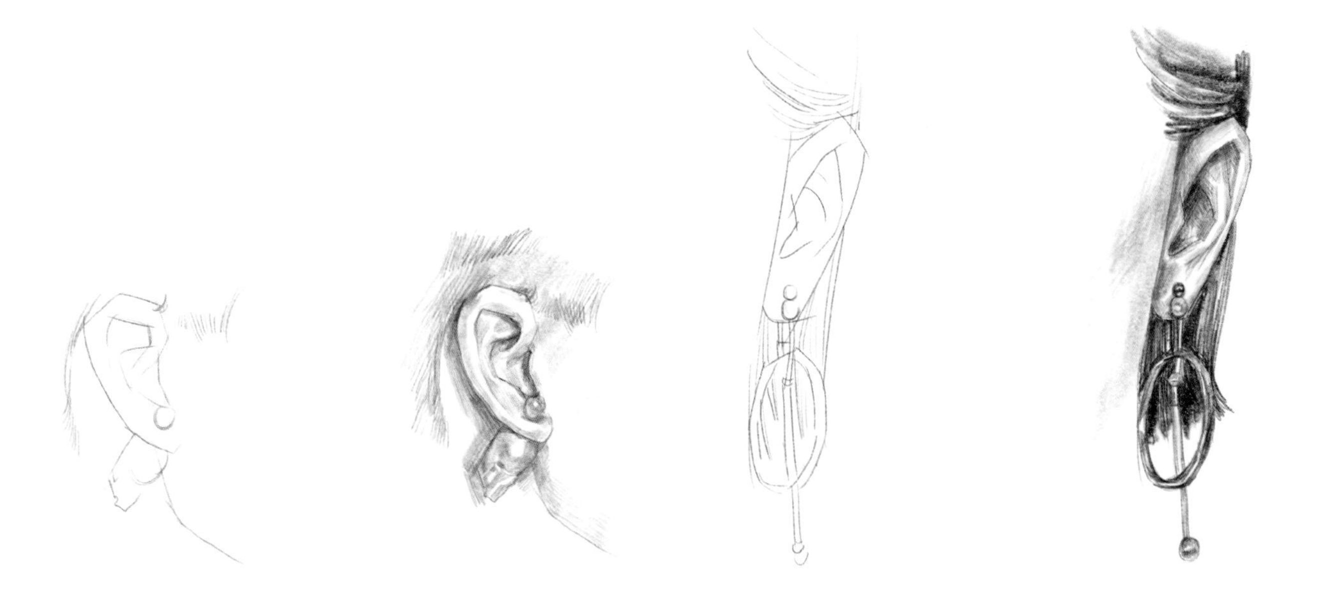

2.1.2 正面头部绘制技法

头部刻画的要点是造型准确性和风格差异性：造型准确性是指造型、结构是否真实准确，能否表现出其立体光影效果；风格差异性是指每个款式、每个模特、每张面孔都有其风格，根据时装款式特点、地域人种、性别、年龄等不同，五官的表现也有所不同。

初学时装画头部表现时造型的准确性是首位的，本节以正面女性头部为案例，深入解析头部、发型的结构与绘画过程。

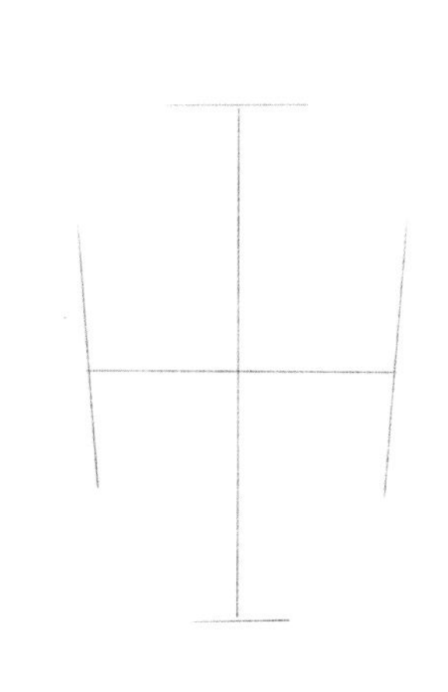

Step 01 构图。脸宽与脸长比例为 2:3，这是大概的数值比例，根据不同风格的人物特点可适当调整。

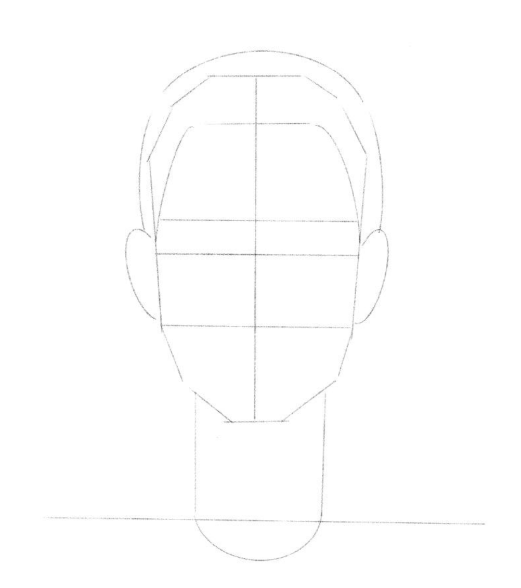

Step 02 起稿。如图所示，勾勒出脸形和头形：脸形整体为上下不对称椭圆形，上部为头顶处，弧线略微平缓，下部为下颌处，弧线拉长。划分头发厚度与三庭。

Step 03 刻画五官与发型。

- 确定眼睛位置与大小：眼睛位于脸长中心线处，其大小可将脸宽（包括耳朵）平分五份。
- 两眼之间距离正好等于鼻翼宽度，于第二庭线上画出鼻头。
- 嘴唇位于第三庭中间略靠上位置，将下巴充分留出。嘴唇宽度大于鼻翼宽度，可根据人物五官特点略微调整大小。
- 案例中发型为后背式短发，可先将头顶部分分为四个部分，头顶两部分，头侧两部分，在此基础上进行发丝绘制则更为准确。

Step 04

绘制阴影效果。

如图所示，色块区域为五官阴影部位，使用铅笔表现其深浅与过渡，刻画立体效果。

Step 05

细节刻画。
阴影效果能塑造立体感，局部刻画完善整体效果。用较细的笔触着重刻画眼部、头发等部位，使画面效果更为真实和灵动。

2.1.3 半侧、全侧头部绘制技法

在人像绘画表现中，画半侧及全侧头部比画正面头部略难，受头部结构和透视关系的影响，脸形和五官角度有所变化。如果学习者有一定的人像素描基础，化繁为简，能很好地进行时装画人像表现；如果学习者是零基础的，需要在结构部分多加练习，进而深入局部刻画。

案例1 右半侧头部

Step 01

构图。确定人像大小及脸部长宽比例，根据模特脸部角度进而确定脸中心线。中心线的确定决定了眼、鼻、嘴的位置，因此找准中心线是构图重点。

Step 02

起稿。以构图的结构参考线为基准，轻轻勾勒出五官及发型的轮廓。

Step 03

刻画阴影时先将暗部统一铺色，再着重强调较深部位，突出画面黑白灰素描效果，进而增强其立体感。

Step 04

刻画细节。在整体结构与立体感清晰的基础上，进一步将五官、发型、配饰、衣物等细节一一刻画，完善画面效果。

案例 2　左半侧头像

Step 01　构图。确定人像大小及脸部长宽比例，根据模特脸部角度进而确定脸中心线。此案例中模特侧面扭转角度较大一些，因此左右脸宽度差异较大。

Step 02　起稿。以构图的结构参考线为基准，轻轻勾勒出五官及发型的轮廓，由于脸扭转角度较大，注意眼、眉毛、嘴的透视。

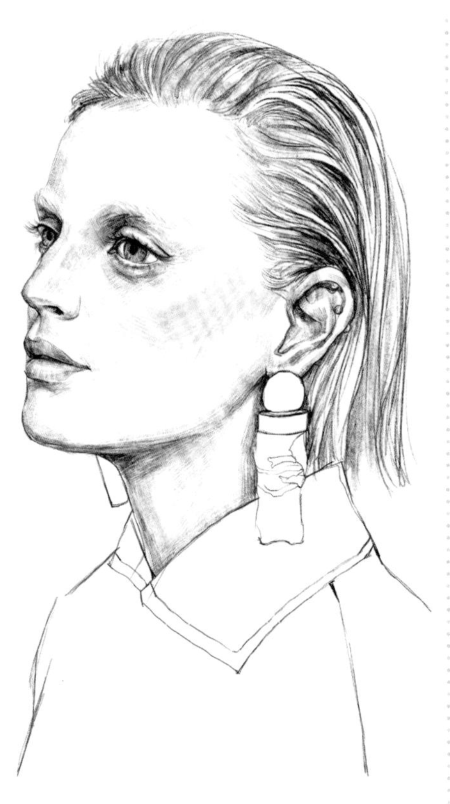

Step 03

刻画阴影时先将暗部统一铺色，再着重强调较深部位，突出画面黑白灰素描效果，进而增强其立体感。

Step 04

刻画细节。在整体结构与立体感清晰的基础上，进一步将五官、发型、配饰、衣物等细节一一刻画，完善画面效果。

案例 3 全侧头部

Step
01

构图。全侧头部只呈现一半脸庞，因此较半侧头部略简单，但侧面的轮廓绘制难度相应增加，需多次调整。确定人像大小及脸部长宽比例。

Step
02

起稿。以构图的结构参考线为基准，轻轻勾勒出五官及发型的轮廓，注意眼、鼻、嘴的轮廓连续性。

Step
03

刻画阴影时先将暗部统一铺色，再着重强调较深部位，突出画面黑白灰素描效果，进而增强其立体感。

Step
04

刻画细节。在整体结构与立体感清晰的基础上，进一步将五官、发型、配饰、衣物等细节一一刻画，完善画面效果。

2.2 头部上色

2.2.1 五官上色技法

时装画人像表现实际上就是五官的绘画表现，与人物肖像画着重真实与立体感不同，时装画人像更注重造型与装饰，因此我们可以强调五官的形象与美感，忽略过多的阴影塑造与细节刻画。

时装画人像风格主要有欧美风格和东方风格，前者强调深邃的立体感，后者注重唯美的装饰感，可通过练习体会其微妙的差别。在绘画工具选择上，以水彩为案例进行分步骤讲解。水彩因其特殊的水溶效果，能更好地呈现五官的色感和细节。

案例 1 欧美立体风格

Step 01 起稿。

欧美风格人像五官特征如下：

- 眼窝较深
- 双眼皮宽而深
- 眼眉距离较近
- 鼻梁高挺（鼻根眼窝较深）
- 鼻头挺翘
- 嘴唇丰满

每个模特都有细微差别，写生、临摹或创作时注意差异化。

Step 02 铺色。铺色需进行两次，第一遍使用湿润的毛笔调出肉色，将整个面部均匀铺色。待底色半干时进行第二遍，仍使用肉色将五官各处阴影部位加深一遍。此步骤需注意毛笔水分要适度，可充分湿润整个笔头。

Step 03 加深。可在肉色基础上调重色，用笔尖轻蘸一些橄榄绿（或浅棕色）加入肉色中，在五官各处阴影部位重复加深，注意毛笔水分较铺色时要干一些，并且颜色要轻薄。

Step 04 五官上色。分别为眉毛、瞳孔、嘴唇铺色，颜色清淡湿润，切不可将颜色调得过于浓郁不通透。

Step 05

强调。此步骤要吸干毛笔上的多余水分。

- 眉毛：选用深棕色进行深入刻画，最好在眉头和眉尾处选用聚锋的毛笔勾勒；
- 眼睛：首先要调出浅橘红色晕染眼周部位，使得眼周皮肤红润有光泽，其次可使用深棕色勾勒上眼线，再将深棕色稀释后，调一些瞳孔的底色，深入刻画瞳孔暗部，最后使用深棕色对眼周整体进行修整勾勒；
- 鼻子：需要在肤色基础上加入棕红色，重复晕染鼻底处暗部，最后使用深棕色刻画鼻孔；
- 嘴唇：使用唇底色，可在唇的阴影部分进行两三次晕色，再略加玫瑰红色勾勒唇纹。

Step 06

刻画细节。五官需要刻画的细节以眼睛为主，包括眼线、睫毛、瞳孔，除此之外将整体五官高光提亮，即可完成面部的刻画。

案例 2　东方唯美风格

Step 01 起稿铺色。亚洲人五官更为清雅，主要体现为眼窝浅显、眼睛细长、鼻梁平窄、嘴唇小巧（薄唇或厚唇）。起稿时五官要注意以上特征，每个模特都有细微差别，写生、临摹或创作时注意差异化。

将整个面部均匀铺色，待底色半干时再次上色，仍使用肉色将五官各处阴影部位加深一遍。此步骤需注意毛笔水分要适度，可充分湿润整个笔头。

Step 02 加深。亚洲人肤色较深，可在肉色基础上调重点，用笔尖轻蘸一些浅棕色加入肉色，在五官各处阴影部位重复加深。注意毛笔水分较铺色时要干一些，并且颜色要轻薄。

Step 03 五官上色。分别为眉毛、瞳孔、嘴唇铺色，颜色清淡湿润，切不可将颜色调得过于浓郁不通透。

Step 04

强调。此步骤要吸干毛笔上的多余水分。

- 眉毛：根据模特妆容个性化处理，案例选用浅色眉妆，因此选择浅棕色轻轻在眉弓处勾勒进行加重；
- 眼睛：先在肤色基础上调入玫瑰红色，晕染上下外眼角处，增加妆容效果，再使用深棕色，加重瞳孔和眼珠边缘、上下眼线、睫毛；
- 鼻子：需要在肤色基础上加入棕红色，重复晕染鼻底处暗部，最后使用深棕色刻画鼻孔；
- 嘴唇：使用玫瑰红加浅紫色晕染暗部，可适当勾勒唇纹，最后用深红色加紫色勾勒唇缝。

Step 05

刻画细节。五官需要刻画的细节以眼睛为主，包括眼线、睫毛、瞳孔，除此之外将整体五官高光提亮，即可完成面部的刻画。

2.2.2 发型上色技法

时装画人物的时尚感不仅仅靠服装来表现，时尚的发型往往是提升气质的点睛之笔。本节列举了近几年较为流行和易于表现的几款发型，下面详细解析其上色步骤。

案例 1　丸子发式

Step
01

造型起稿。分析发型，尽可能概括地勾勒发丝走向，明确发丝之间的明暗及造型关系。注意用线要果断，线条要注意明暗、粗细变化。

Step
02

基础铺色，找出头发亮部。湿润平铺，趁着纸面半湿润，继续使用较暗颜色上色，画出头发暗部和主要发丝之间的明暗关系，初步刻画出头发立体效果。

Step
03

加深暗部。使用半湿润毛笔调出深色，继续晕染头发所有暗部，要时刻使用清水毛笔慢慢晕染上色部位。注意要等上一步纸面干后继续深入，否则颜色会相互影响。

Step
04

深入细节。使用黑色勾勒主要发丝的暗部，尤其是耳根部、发髻底部。调整好整体明暗和细节后，使用高光颜料，将头顶部和散乱的发丝进行提亮。注意提亮的发丝不要过多，否则会影响整体明暗效果。

案例2 长卷发式

Step 01 造型起稿。分析波浪卷起伏变化并进行分组，尽可能概括地勾勒发丝走向，明确发丝之间的明暗及造型关系。注意用线要果断，线条要注意明暗、粗细变化。

Step 02 基础铺色。调出棕栗色湿润平铺，趁着纸面半湿润，继续画出头发暗部和主要发丝之间的明暗关系，初步刻画头发立体效果。

Step 03 加深暗部。使用半湿润毛笔在棕栗色基础上加入棕色，继续晕染头发所有暗部，要时刻使用清水毛笔慢慢晕染上色部位。

Step 04 深入细节。调出棕黑色勾勒发丝的最暗部位。调整好整体明暗和细节后，使用高光颜料，将散乱的发丝进行提亮。

案例3 盘发

Step 01 造型起稿。分析盘发发式及发丝分组，尽可能概括地勾勒发丝走向，明确发丝之间的明暗及造型关系，线条要注意明暗、粗细变化。

Step 02 基础铺色。调出棕橘色湿润平铺，趁着纸面半湿润，继续上色，初步刻画头发立体效果。

Step 03 加深暗部。使用半湿润毛笔在棕橘色基础上加入赭石色，继续刻画每组发丝暗部，要时刻使用清水毛笔慢慢晕染上色部位。

Step 04 深入细节。调出深棕色勾勒发丝的最暗部位。调整好整体明暗和细节后，使用高光颜料，将受光部的几组发丝进行提亮。

案例 4　辫发

Step 01

造型起稿。分析辫发发式，尽可能概括地勾勒发丝走向，明确每组辫发的前后关系，线条要注意明暗、粗细变化。

Step 02

基础铺色。调出棕黄色湿润平铺，趁着纸面半湿润，继续上色，初步刻画辫发部位立体效果。

Step 03

加深暗部。使用半湿润毛笔在棕黄色基础上加入棕色，继续刻画每组辫发暗部，要时刻使用清水毛笔慢慢晕染上色部位。

Step 04

深入细节。调出深棕色勾勒每组辫发的最暗部位。调整好整体明暗和细节后，使用高光颜料，将受光部的几组发丝进行提亮，再刻画散发发丝亮部。

案例 5 短发

Step 01 造型起稿。分析短发发型变化，根据层次进行分组，勾勒发丝走向，线条要注意明暗、虚实变化。

Step 02 基础铺色。调出柠檬黄色湿润平铺。

Step 03 加深暗部。使用半湿润毛笔蘸取墨绿色再调和柠檬黄色，继续刻画头发暗部，注意头发不同层次的明暗变化，同时要时刻使用清水毛笔慢慢晕染上色部位。

Step 04 深入细节。调出棕红色勾勒每组层次的最暗部位。调整好整体明暗和细节后，使用高光颜料，刻画受光部位发丝亮部。

案例 6 头顶发髻式

Step 01 造型起稿。根据发型将发髻和两侧头发进行分组归纳，轮廓线条要注意明暗、虚实变化。

Step 02 基础铺色。调出淡黄色湿润平铺。

Step 03 加深暗部。使用半湿润毛笔蘸取棕色再调和淡黄色，继续刻画头发暗部，注意头发不同层次的明暗变化，同时要时刻使用清水毛笔慢慢晕染上色部位。

Step 04 深入细节。使用深棕色加深紫色勾勒每组层次的最暗部位。调整好整体明暗和细节后，使用高光颜料，刻画受光部位发丝亮部。

CHAPTER 03

手与足的绘画表现

手、足的刻画在时装画表现中举足轻重——它们是服装配饰能否成功展示的关键所在，在整体画面中起到画龙点睛的作用。

由于对其结构掌握不足，很多学习者总是忽略或放弃手和足的技法表现。本章将手与足的结构与配饰的相互关系尽量简化，方便大家学习和参考。

3.1 手部绘制技法

手部的姿势取决于人物动态，如果以站姿或走姿为主，那么常用的手部姿势为自然下垂式；如果人物动态富于变化，如半侧或背侧等，那么手部姿势会多种多样。

3.1.1 自然下垂式手部解析

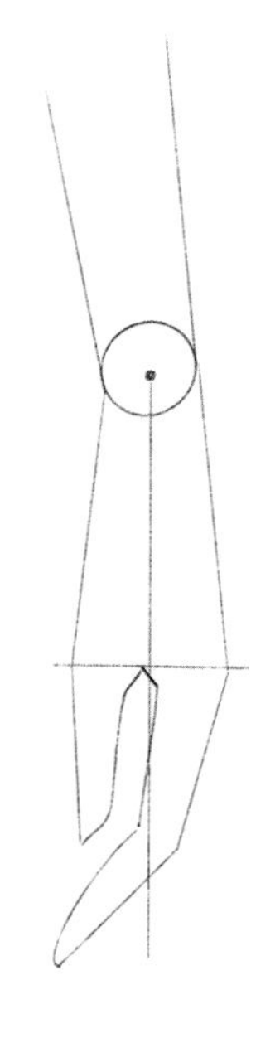

Step 01

构图起稿。手的长度与脸长（发际线至下颌）基本相同，纵向和横向平分手部，上半部分为手背长度，下半部分为手指长度，手指左半部分为大拇指宽度，右半部分为食指宽度，拇指长度约为食指长度的一半。

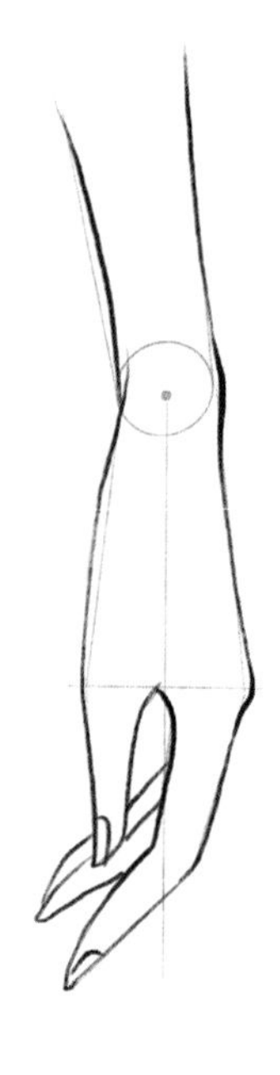

Step 02

连接。连接手部轮廓时，注意所有关节处略微凸出，关节两侧略微内凹。

Step 03

从手臂开始向手部刻画阴影。手背和食指背部整体平铺阴影，再从拇指根部向内侧过渡，最后为无名指和中指均匀上色并加深。

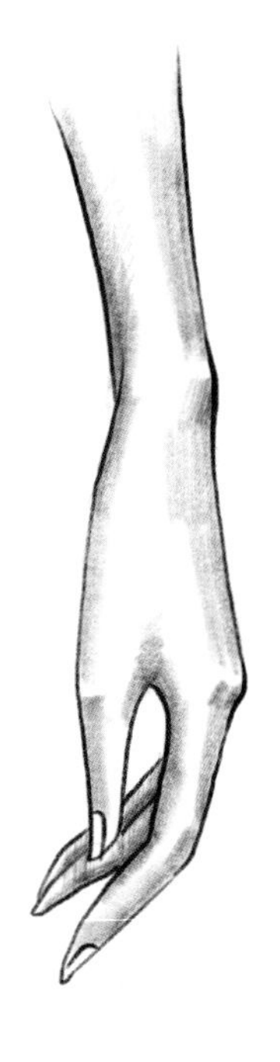

Step 04

以此类推，可逐步画出自然下垂式的另外两个半侧角度，将手指更多地呈现出来，并塑造一定的立体效果。

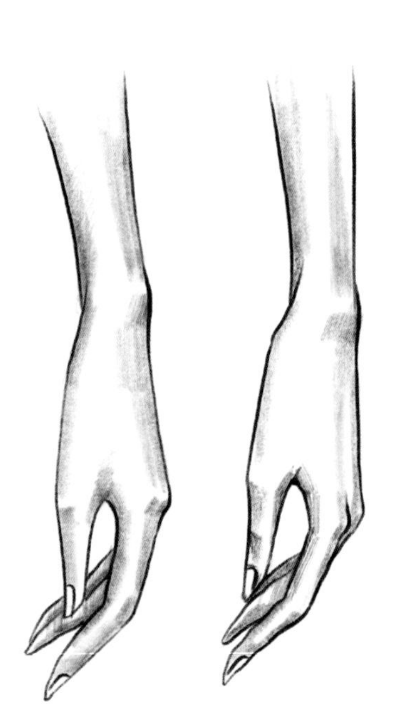

3.1.2 常用手部姿势绘制技法

案例1 双手卡腰式

双手自然搭于腰部或者胯部两侧，手背由于透视关系长度缩短，手指部分基本全部正面呈现出来。由于手背与手指角度的变化，在上阴影的时候一定要先整体平铺暗部，突出手背与手指的明暗对比，这样手部姿态才能更好地呈现。

案例2 半侧手握式

单手提包，类似自然下垂式，但角度变换为后半侧，需要注意手腕处结构对轮廓线的影响，与正侧面自然下垂式的轮廓有很大区别。

案例3 侧面手握式

类似自然下垂式的角度，结构上较为简单，手拿配饰，可将食指轻微卷起，拇指姿势不变。

案例4 正面手搭式

这是一种非常日常的配包手势，自然而舒适，但由于整个手部全部正面呈现，因此要表现出自然灵动的效果有一定难度。首先，在起稿时将透视考虑进去，手背、手指结构要把握准确；其次，手指间指关节长度比例要把握准确，合理进行阴影铺色。

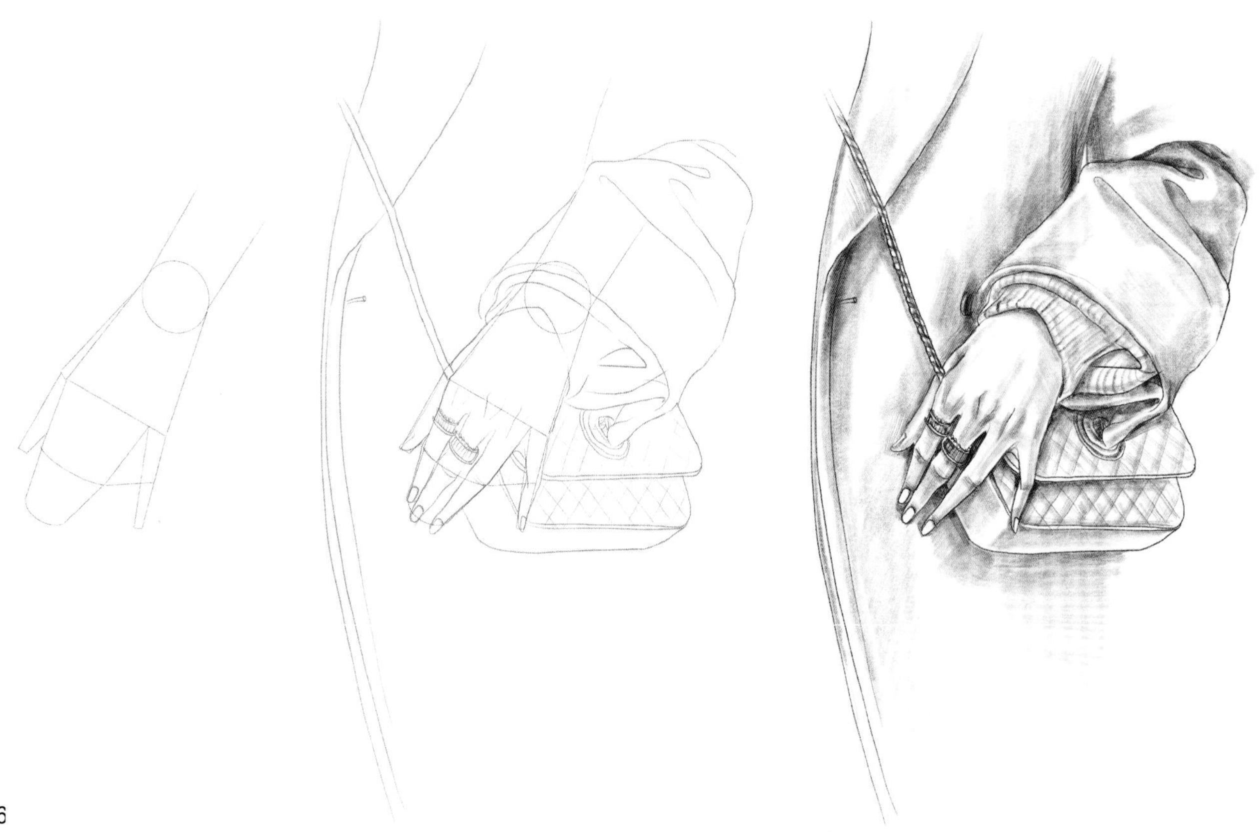

案例 5　双手擒包式

双手自然轻松擒拿手包，左右手姿态差别较大：右手手指透视关系较明显，手指较长，手背较短；左手较平，手背正面呈现，因此除造型准确外，阴影铺色也要细心处理。

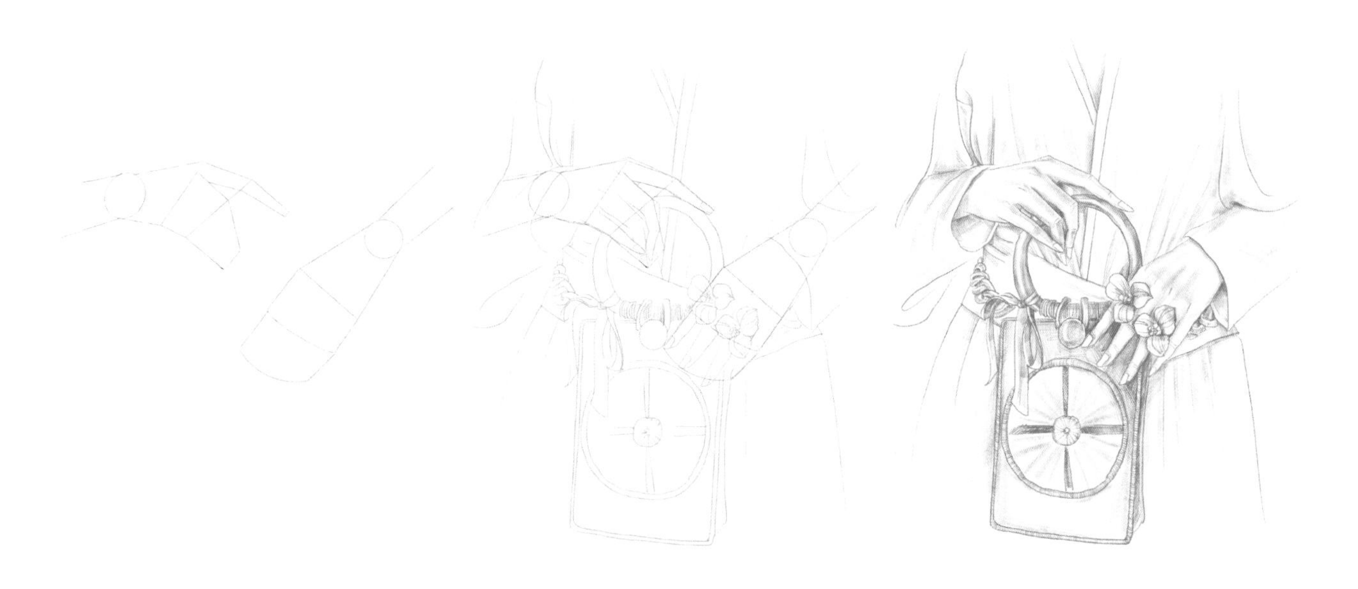

案例 6　双手握领式

由于手心朝外且左手手心外翻，因此手部造型较为复杂。参考起稿构图，将手心丰满处充分体现，与手背的骨干形成明显对比，再进行合理的阴影铺色和渐变处理，手部姿态即可呈现。

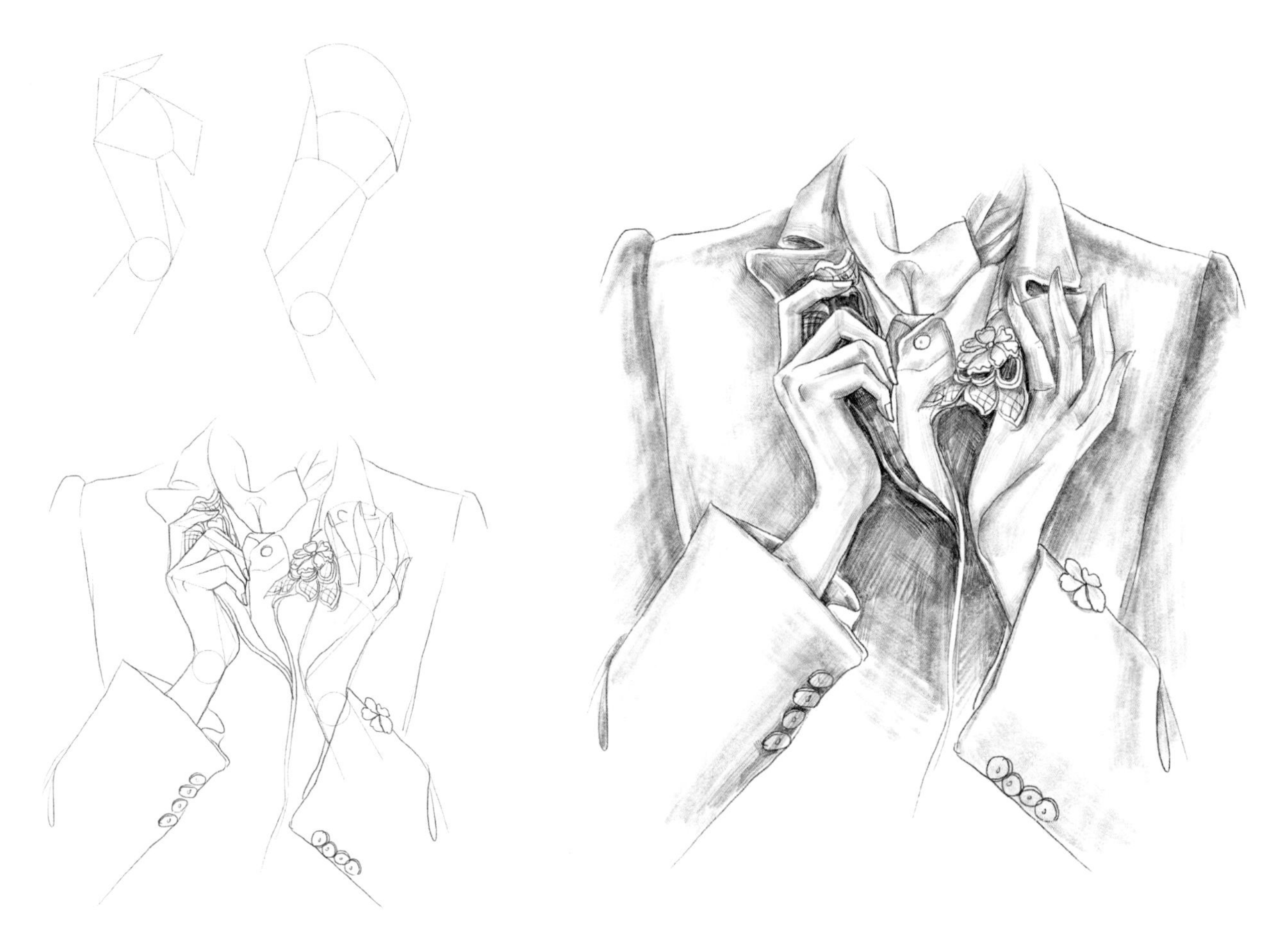

3.2 裸足与鞋靴绘制技法

脚部的时装画表现既是重点也是难点，重点在于它是画面的落脚点，支撑着整个画面，不能忽视，否则头重脚轻；难点在于脚通常正面居多，然而正面脚部的结构是最难画的，如果穿上高跟或者高防水台的鞋靴尚且容易表现，但穿平跟的凉鞋、休闲鞋、运动鞋、皮鞋等，确实令很多学习者望而却步。在本节6个案例中列举了3种平底鞋绘制流程，可多加练习。

3.2.1 正面裸足及平底凉鞋画法

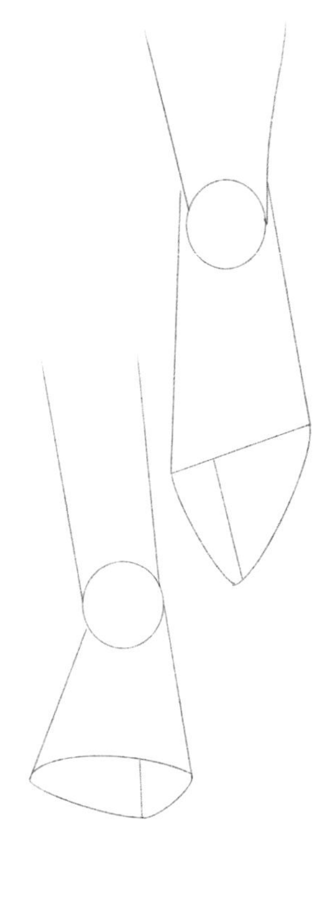

Step 01

构图起稿。正面脚部结构，为脚背的正梯形和脚趾的倒三角形组合，其连接处的内1/3部分为大脚趾，其余为其他4个脚趾依次排列。

Step 02

定轮廓。连接外轮廓时注意踝关节两侧的起伏变化。红色箭头表示轮廓线起伏变化的节奏与方向。

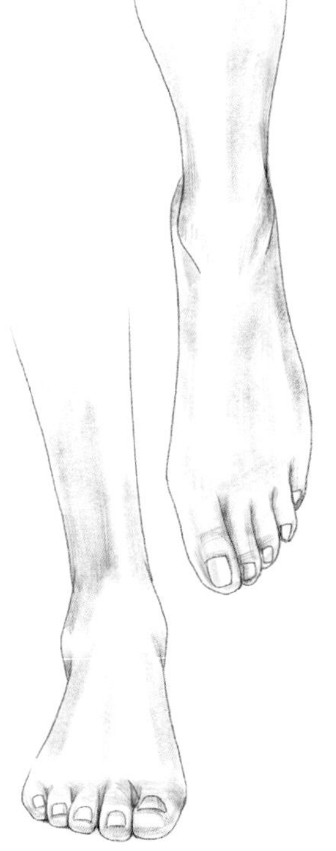

Step 03

上阴影。小腿连接踝关节部分由于肌肉覆盖较少，因而阴影过渡和明暗对比较强烈，可表现出小腿腓骨的结构特征。踝骨基本无肌肉覆盖，阴影对比更加强烈，阴影可延伸至脚背两侧，然后轻轻在脚背中心平铺灰调，略微表现脚背结构。最后在脚趾底部整体平铺阴影来表现厚度，再分别将脚趾间缝隙加重刻画。

Step 04

刻画鞋子。以平底凉拖为例，先将鞋底或鞋子整体轮廓根据脚的基础形勾勒出，其中注意左右脚由于角度不同，鞋面部分造型在长、宽、弧度上有所变化。

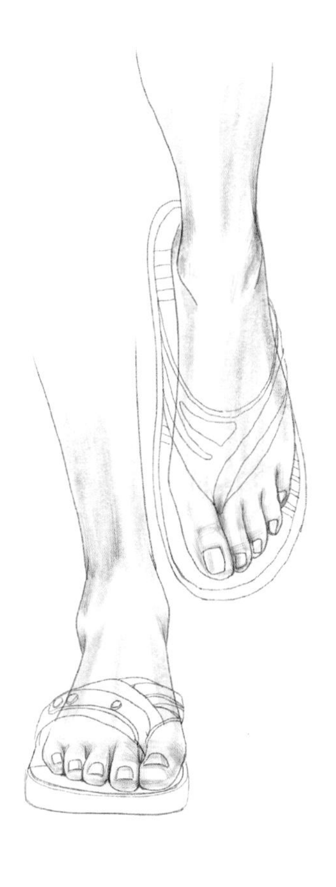

Step 05

刻画鞋子阴影。鞋子的立体效果，主要由鞋面的弧度和透视关系变化而产生，因此可根据脚的阴影位置进行鞋面阴影上色，注意装饰的立体表现。

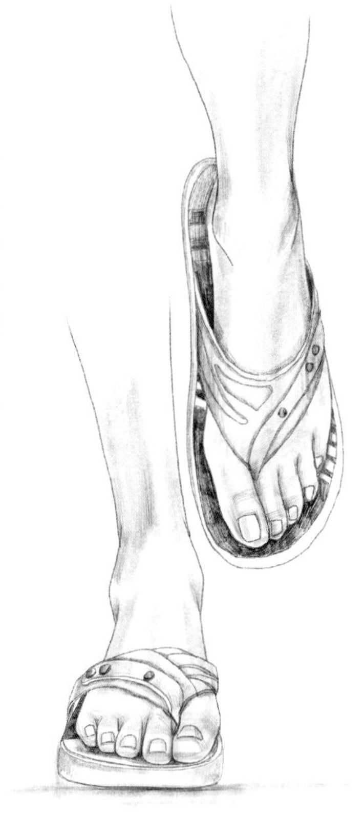

3.2.2 扣带方口平底皮鞋画法

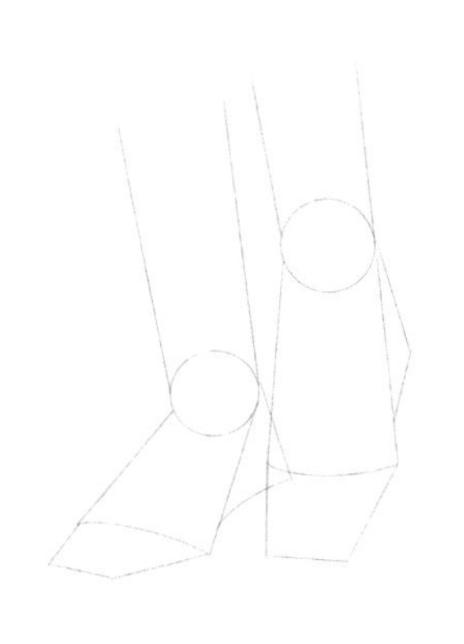

Step 01 构图起稿。画脚部可直接用几何形态起稿，根据脚部的不同角度对结构形态进行微调：画半侧面脚部时，需要在脚背的梯形结构下加一个直角三角形来表示足跟。

Step 02 鞋子轮廓。在上步基础上直接起稿画出鞋的造型，注意画鞋面的每处边缘和弧面时要考虑脚部的结构状态。其次鞋本身的造型要考虑材质和厚度，切勿画得单薄平面化。

Step 03 阴影效果。参考案例的材质、颜色、装饰来上阴影，考虑轻重和对比度的变化，最后注意细节的刻画。

3.2.3 运动鞋画法

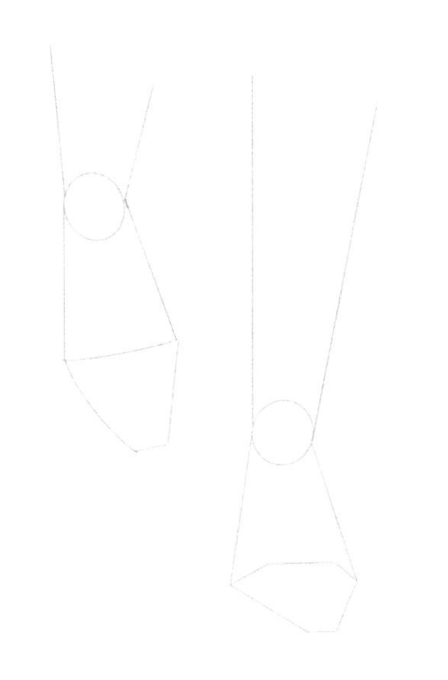

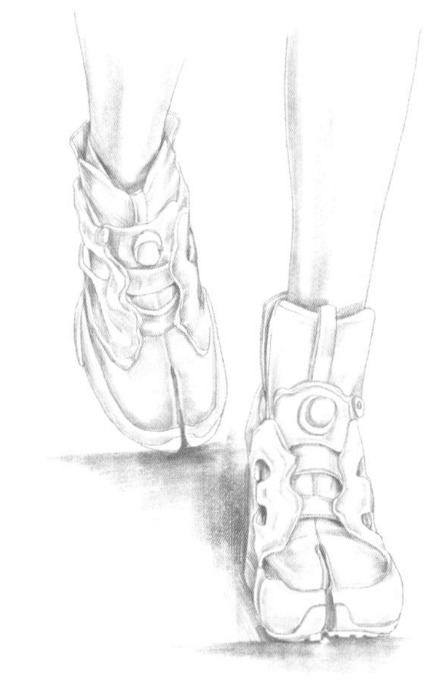

Step 01 构图起稿。脚部正面为正梯形和倒三角形组合，可根据脚部的不同角度对结构形态进行微调。

Step 02 鞋子轮廓。在上步基础上可直接起稿画出鞋的造型，此款运动鞋装饰造型复杂，需考虑材质和厚度，切勿画得单薄平面化。

Step 03 阴影效果。参考案例的材质、颜色、装饰来上阴影，注意色调的轻重和对比度，最后进行细节的刻画。

3.2.4 正面高跟鞋画法

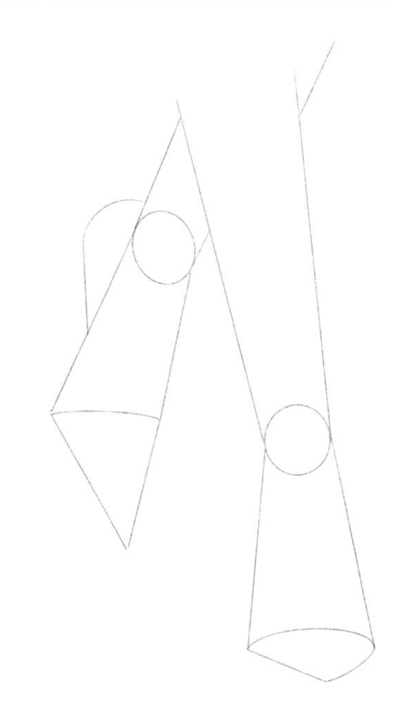

Step 01 构图起稿。根据鞋跟高度对结构形态进行微调：可以适当延长脚背梯形的高度，缩减脚趾三角形的高度，画半侧面、侧面脚部时，需在脚背的梯形结构下绘制直角三角形，来表示足跟。

Step 02 鞋子轮廓。起稿画出鞋的造型，注意画鞋面的每处边缘和弧面时要考虑脚部的结构状态。其次鞋的造型要考虑材质和厚度，切勿画得单薄平面化。

Step 03 阴影效果。先画出裸露的脚背阴影：因穿高跟鞋，足部受力较多，脚背肌肉骨骼分明，因此刻画阴影时要着重体现肌肉骨骼的阴影转折效果；最后根据材质特点依次刻画鞋面装饰与明暗关系。

3.2.5 侧面高跟鞋画法

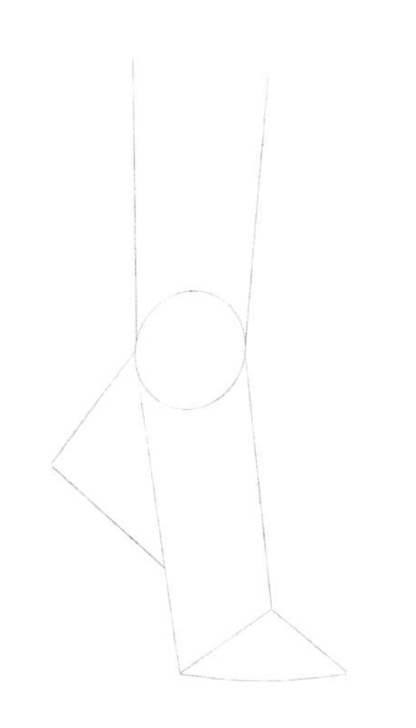

Step 01 构图起稿。画侧面高跟鞋时需要在脚背下加一个直角三角形，来表示足跟。

Step 02 细化造型。因为此款鞋为透明材质，所以需要先刻画裸足。根据结构逐步描画侧面脚部的轮廓线，将脚趾等细节也一一刻画。

Step 03 鞋子轮廓。注意画鞋面的每处边缘和弧面时都要考虑脚部的结构状态。

Step 04 阴影效果。参考案例的材质、颜色、装饰来上阴影，考虑轻重和对比度的变化，最后注意细节的刻画。

3.2.6 中筒羊毛靴画法

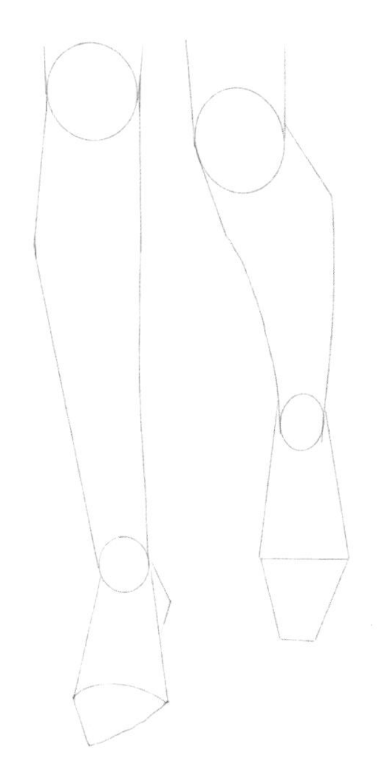

Step 01 构图起稿。根据脚部的角度变化对结构形态进行微调：画半侧面脚部时，需要在脚背的梯形结构下加一个直角三角形，来表示足跟。靴子由于长度要求可将膝盖以下部分进行呈现。

Step 02 鞋子轮廓。在上步基础上可直接起稿画出鞋的造型，注意画鞋面的每处边缘和弧面时都要考虑脚部的结构状态。其次，鞋本身的造型要考虑材质和厚度，切勿画得单薄平面化。

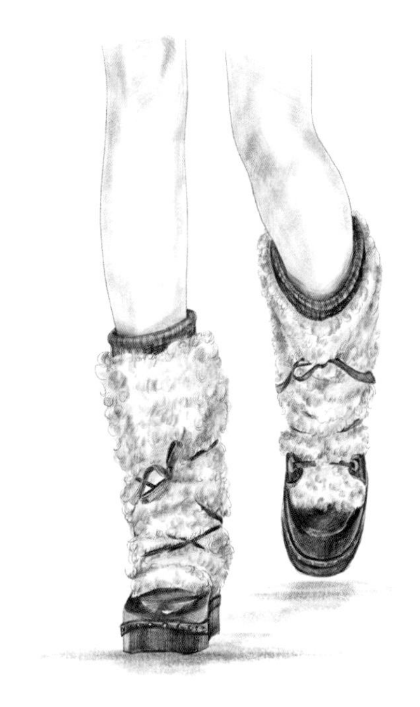

Step 03 阴影效果。参考案例的材质、颜色、装饰来上阴影，考虑轻重和对比度的变化，最后注意细节的刻画。

PART 2

实 操 篇

——技法训练与细节刻画

形式有两种理解，一是或具象或抽象的“形状”，二是一种虚拟的“理念”。时装画绘画中需要具备这两种理解，也就是提前制造一个有形或无形的“框架”，进而丰富内涵。

装饰在某种意义上与“形式”意义相反，它需要打破形式框架而自由发挥，给予造型更丰富的表现欲望。装饰自文艺复兴以来逐渐成为设计的从属元素，而非必要组成部分，因此在时装画中我们可以借鉴和合理运用这一观念，结合形式理念，更加丰富地表现时装效果。

CHAPTER 04

廓形、元素与着装技法表现

本章以廓形认知为切入点，帮助大家着手进行人物着装绘制的训练。本章重点在于人物与服装的空间关系，难点在于服装不同廓形、不同材质、不同细节所呈现的不同动态效果。

4.1 服装廓形绘画表现

服装廓形即服装的外轮廓造型，它需要忽略服装的内部结构与局部细节，其“形”的塑造往往通过把握面料本身的材质特点与剪裁手法综合而成。因此大家在绘画廓形时，既要化繁为简，将重点落在外轮廓线条的把握上，又要结合服装材质、剪裁和其他细节进行绘制。廓形种类繁多，本节分为两部分进行案例呈现。

4.1.1 字母形廓形表现

案例1 A形效果

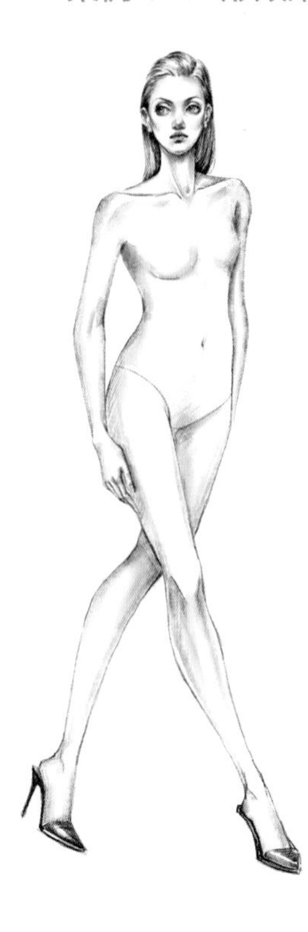

Step
01

起稿。先准备完整的人体动态。

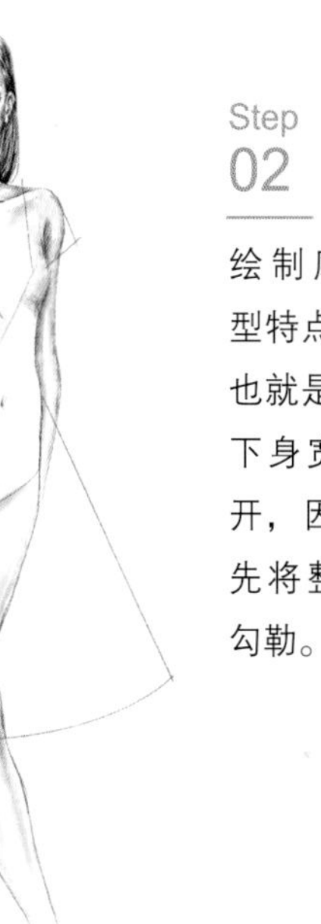

Step
02

绘制廓形。A形造型特点为窄肩松臀，也就是上身较合体，下身宽松且自然展开，因此起形时可先将整体形态轻轻勾勒。

Step
03

在廓形基础上刻画款式细节。

Step
04

绘制阴影。塑造款式立体效果，将局部细节与服装装饰进一步刻画。

案例 2　H 形效果

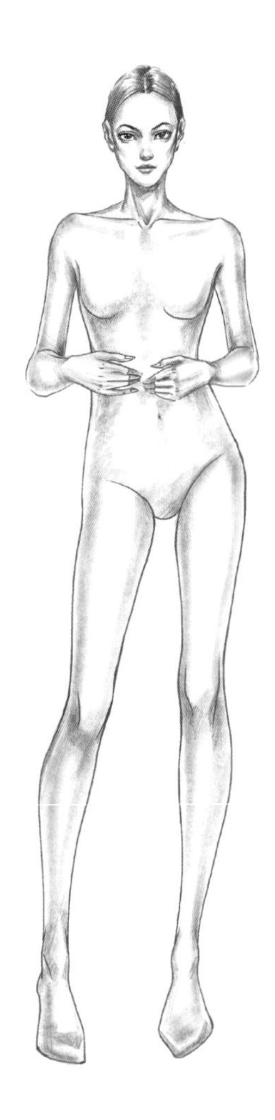

Step
01

起稿。先准备完整的人体动态。

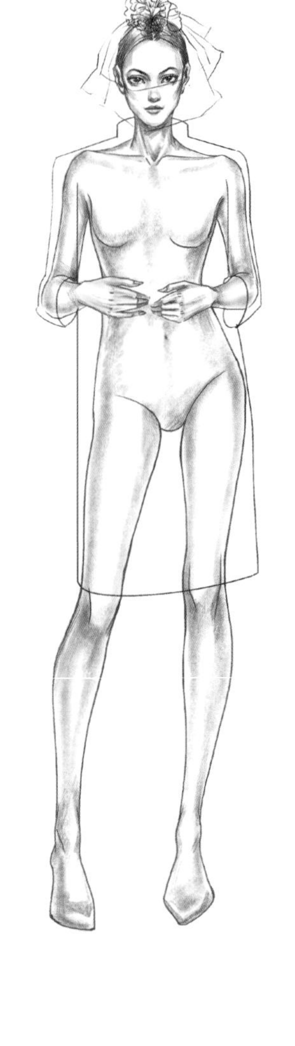

Step
02

绘制廓形。H 形造型整体为长方形或者桶形，也就是视觉上上下身宽度一致，肩和臀较为合体或宽松，腰部松量较大，因此 H 形的款式通常给人干练中性的感觉。本款为套装，在起形时还是以整体轮廓为基础来绘画。

Step
03

在廓形基础上刻画材质、款式与配饰细节。

Step
04

绘制阴影。塑造款式立体效果，将服装局部细节等进一步刻画。

案例3　O形效果

Step
01

起稿。先准备完整的人体动态。

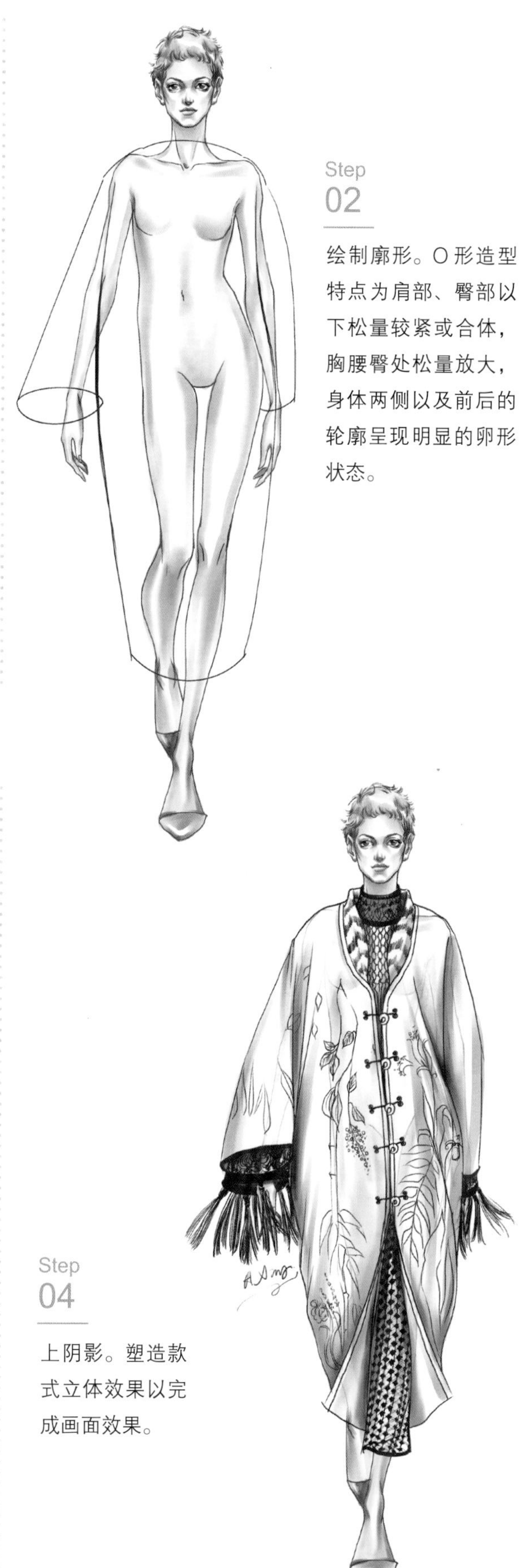

Step
02

绘制廓形。O形造型特点为肩部、臀部以下松量较紧或合体，胸腰臀处松量放大，身体两侧以及前后的轮廓呈现明显的卵形状态。

Step
03

在廓形基础上刻画款式与图案装饰等细节。

Step
04

上阴影。塑造款式立体效果以完成画面效果。

案例 4 T 形效果

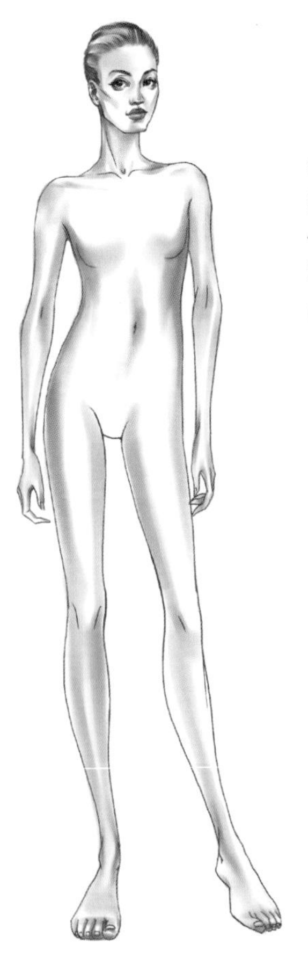

Step
01

起稿。先准备完整的人体动态。

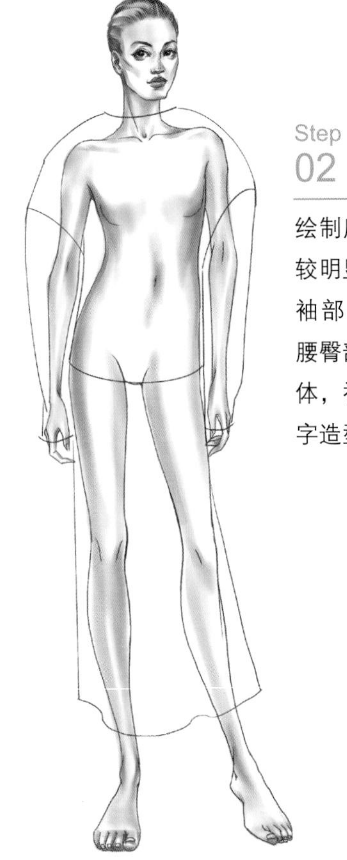

Step
02

绘制廓形。T 形造型特征较明显——宽肩窄臀，肩袖部位宽松或者夸张，腰臀部以下松量较紧或合体，视觉上款式正面呈 T 字造型。

Step
03

在廓形基础上刻画款式结构等细节。

Step
04

绘制阴影。塑造款式立体效果以完成画面效果。

案例 5 X 形效果

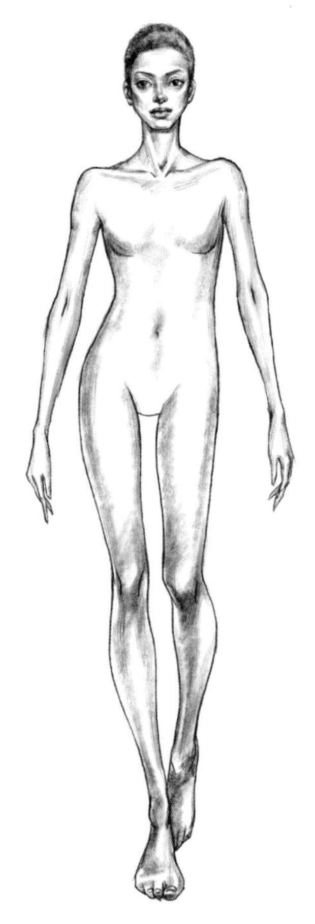

Step
01

起稿。先准备完整的人体动态。

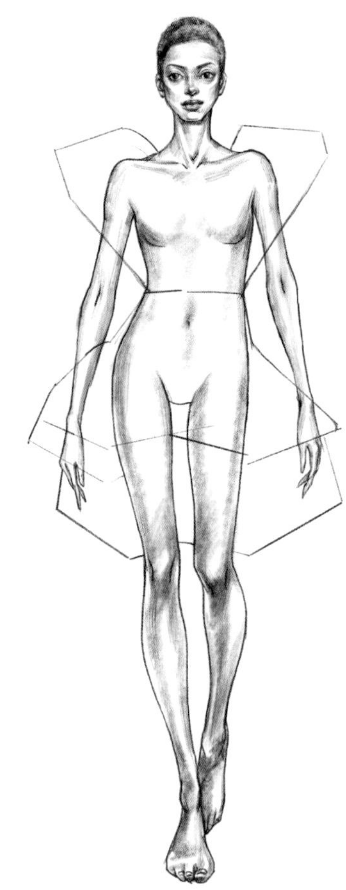

Step
02

绘制廓形。X 形，主要靠紧束的腰线和蓬松的上下身款式塑造而成。经典的 X 形服装是婚礼服的蓬纱裙或堆褶裙，有裙撑，通过塑形能很好地展现女性特征，因此对于女性来说 X 形的礼服裙永远不会过时。但此案例回归当下，选择一款时尚富有设计感的现代款式，展示出通过时下的设计手段而塑造出的 X 形服装，同样颇受欢迎。

本款为连衣裙，起形时以整体轮廓为基础来绘画。

Step
03

X 形中褶皱占有一席之地，因此在廓形基础上，要及时刻画出相应位置的褶皱，完成整体款式造型。

Step
04

绘制阴影。塑造款式立体效果以完成画面效果。

4.1.2 组合廓形表现

案例1　不对称组合型创意礼服

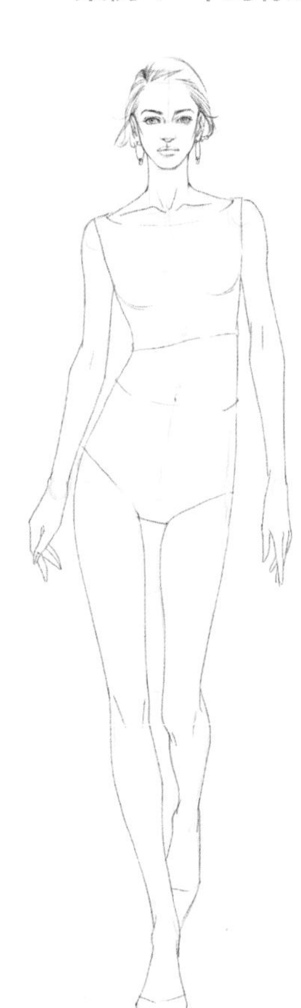

Step
01

起稿。画出人物走姿动态，根据人体勾勒服装廓形。本廓形属不对称几何形，外轮廓线条较硬朗，整体风格抽象而前卫。

Step
02

根据廓形画出服装款式。案例中综合了多种款式元素：自由褶皱、层叠竖褶以及不规则几何形，需要明确画出其款式细节。

Step
03

将款式细节进一步深入刻画。根据面料的转折加深相应的线条，通过线条表现出服装的厚薄、褶皱及明暗变化。

Step
04

整体阴影上色，突出立体效果。

案例2 不对称几何形创意礼服

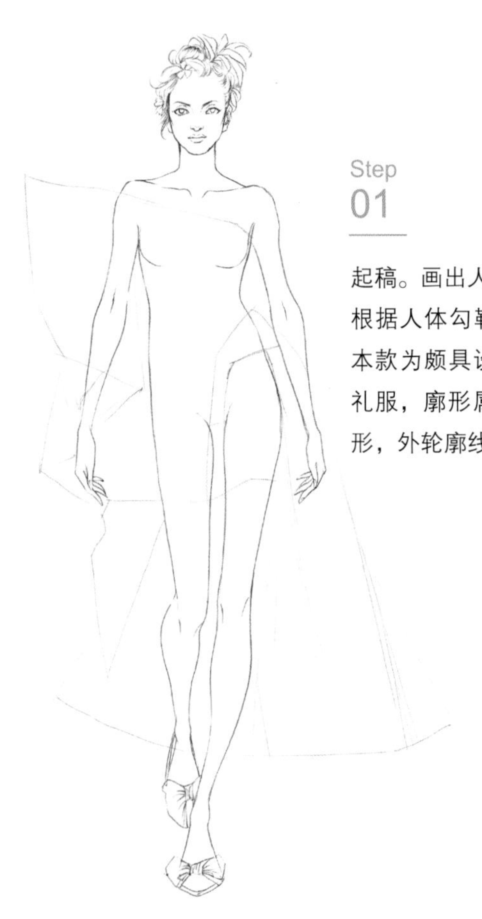

Step
01

起稿。画出人物走姿动态，根据人体勾勒服装廓形。本款为颇具设计感的前卫礼服，廓形属不对称几何形，外轮廓线条较硬朗。

Step
02

根据廓形画出服装款式。案例中主要以硬挺规则的压褶为主要设计元素，其疏密变化需要明确表现。

Step
03

将款式细节进一步深入刻画。根据面料的转折加深相应的线条，通过线条表现出服装的厚薄、褶皱及明暗变化。

Step
04

整体阴影上色，突出立体效果。

案例 3　不规则仿生型连衣短裙

Step
01

起稿。画出人物走姿动态，根据人体勾勒服装廓形。本款为不对称叶子仿生设计，外轮廓线条较柔和。

Step
02

根据廓形画出廓形细节。案例中图形以叶脉走向为主要肌理元素，其肌理走向与面料层次需明确表现。

Step
03

将款式细节进一步深入刻画。根据图案细节和面料层次加深相应的线条，通过线条表现出服装的肌理及明暗变化。

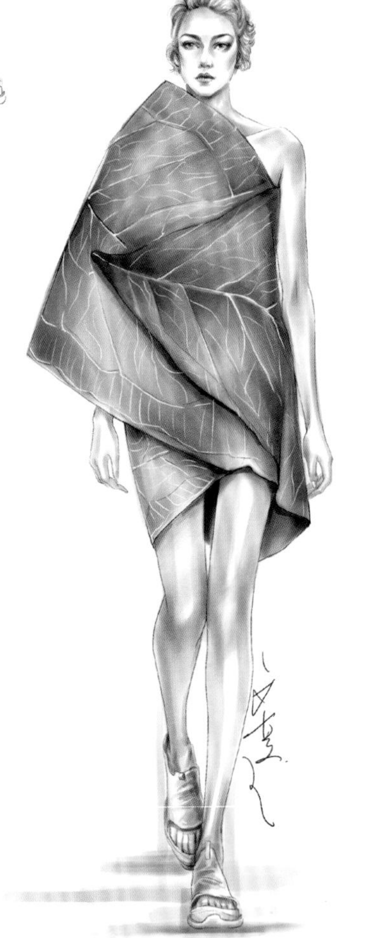

Step
04

整体阴影上色，突出立体效果。

案例 4　规则几何形组合半身皮裙

Step
01

起稿。画出人物走姿动态，根据人体勾勒服装廓形。本廓形属对称立体几何形，因面料为皮质，外轮廓线条较硬朗。

Step
02

根据廓形画出服装款式。案例中上身与下身材质对比明显：纱质对皮质，因此线条处理要富有变化。

Step
03

将款式细节进一步深入刻画。根据款式细节和面料质感加深相应的线条，通过线条表现出服装的肌理及明暗变化。

Step
04

整体阴影上色，突出立体效果。

4.2 时装画着装快速表现

快速表现时装画分两步，第一步仍然以单色素描关系来表现，这是为了进一步加快人物动态和款式的起稿训练；第二步尝试使用马克笔或其他易上色的绘画工具辅助上色，逐步增加难度，提高画面完整度。

4.2.1 时装画单色速写表现

由于单色在表现立体效果时只有黑白灰效果，因此较为注重服装层次的表现，在画此类时装画时建议用铅笔或者彩色铅笔，选择相应的打印纸或彩铅纸，可以很好地掌握用线力度和虚实，以及阴影的过渡效果。

案例 1 素色裹胸连体衣

Step 01 起稿。根据简单的人物动态快速勾勒出基本轮廓，由于大部分要被衣服遮盖，所以人体部分可以虚化处理，相较之下头部可以细化。

Step 02 款式绘制。此时需要先明确款式廓形，了解款式材质，注意服装与人体空间关系，再进一步绘制内里的褶皱、层次等细节部分。

Step 03 绘制阴影。用精细的绘画工具，如彩铅或铅笔定稿，刻画出人体与服装中必要的阴影关系，完成画面效果。

案例 2　双人通勤风休闲夹克

Step
01

起稿。双人组人物动态是有区别的，注意人物大小、动态变化和微妙的互动。

Step
02

明确款式廓形与层次，了解款式材质与空间关系，再进一步绘制内里的褶皱等细节部分。

Step
03

绘制阴影。用精细的绘画工具，如彩铅或铅笔定稿，刻画出人体与服装中必要的阴影关系，完成画面效果。

案例 3　牛仔运动休闲风穿搭

Step
01

起稿。对于运动风格的时装画，夸张的人物动态可以表现出服装的动感和时尚感。快速勾勒出人物走姿动态的基本轮廓，人体部分可以虚化处理。

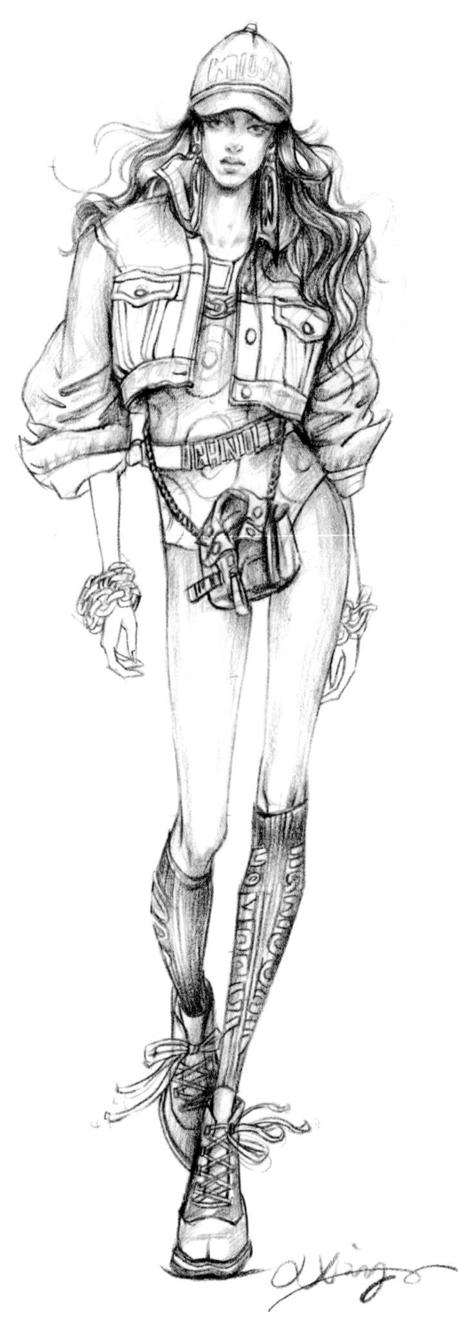

Step
02

明确款式廓形与层次，了解款式材质与空间关系，再进一步绘制服装褶皱、配饰等细节部分。

Step
03

绘制阴影。用精细的绘画工具，如彩铅或铅笔定稿，描绘出人体与服装中必要的阴影关系，注意服饰等细节的刻画，完成画面效果。

案例 4　前卫休闲运动风穿搭

Step
01

起稿。快速勾勒出人物走姿动态的基本轮廓，人体部分可以虚化处理。

Step
02

适当夸张款式造型，增加人物张力，明确廓形与层次，了解款式材质与空间关系。

Step
03

绘制阴影。用精细的绘画工具定稿，描绘出人体与服装中必要的阴影关系，注意服饰等细节的刻画。如果铅笔色泽较浅，可使用灰色系马克笔辅助加深阴影部分，完善画面效果。

4.2.2 时装画简色速写表现

简色速写实际上也是快速表现的一种，与单色速写相比增加了上色效果，但其为了快速表现款式而简化上色程序。对于此类时装画，建议用针管勾线笔或纤维笔确定线稿，纸张可选择相应的打印纸、彩铅纸或马克笔专用纸。

案例 1 田园风花边连衣裙

Step 01

起稿。画出人物基本动态和款式造型。本款式肩部有连续荷叶边装饰，需要在此步轻轻勾勒其转折关系。

Step 02

定稿。由于面料颜色鲜艳明亮，可选择粉色或其他高纯度亮色的勾线笔确定线稿，注意线条的明暗、虚实、强弱变化，展现出线条力度。

Step 03

对头部和四肢进行上色，着重表现眼和唇的妆容，头发表现出厚度和明暗关系即可，不必刻意刻画发丝细节。

Step 04

本款底色为白色，可跳过铺底色部分，直接选择相应的颜色进行图案绘制。上色时只要表现出明暗关系即可，不用刻意追求过渡效果。

案例 2 叠色薄纱连衣裙

Step 01 起稿。画出人物基本动态和款式造型。此款连衣裙轮廓造型并不复杂，其线稿表现的难点在于褶皱的走向变化——上半身斜向自由抽褶，细密有规律；下半身自然垂褶，疏密节奏富于变化。画面中褶较多时，用线要快速肯定，起笔重落笔轻，根据服装阴影把握线条的轻重变化。

Step 02 定稿。由于面料颜色层次多，可根据不同色彩选择相近颜色的勾线笔确定线稿，注意线条的明暗、虚实、强弱变化，展现出线条力度。

Step 03 对头部、上肢、部分面料进行上色。

Step 04 本款服装颜色层次多，可直接选择相应的颜色进行上色。上色时只要表现出明暗关系即可，不用刻意追求过渡效果。

案例 3　男女组合运动休闲套装

Step 01　起稿。画出人物基本动态和款式造型，注意男女双人组人物高矮、动态变化和微妙的互动。适当勾勒款式廓形和内部结构。

Step 02　定稿。可根据款式不同色彩区域，选择相近颜色的勾线笔确定线稿，注意线条的明暗、虚实、强弱变化，展现出线条力度。

Step 03　铺色。对头部进行上色，着重表现眼和唇的妆容，头发表现出厚度和明暗关系即可，不必刻意刻画发丝细节。对于服装部分，先用较浅色系均匀铺色。

Step 04　铺色完成后绘制阴影。上色时只要表现出明暗关系即可，不用刻意追求过渡效果。

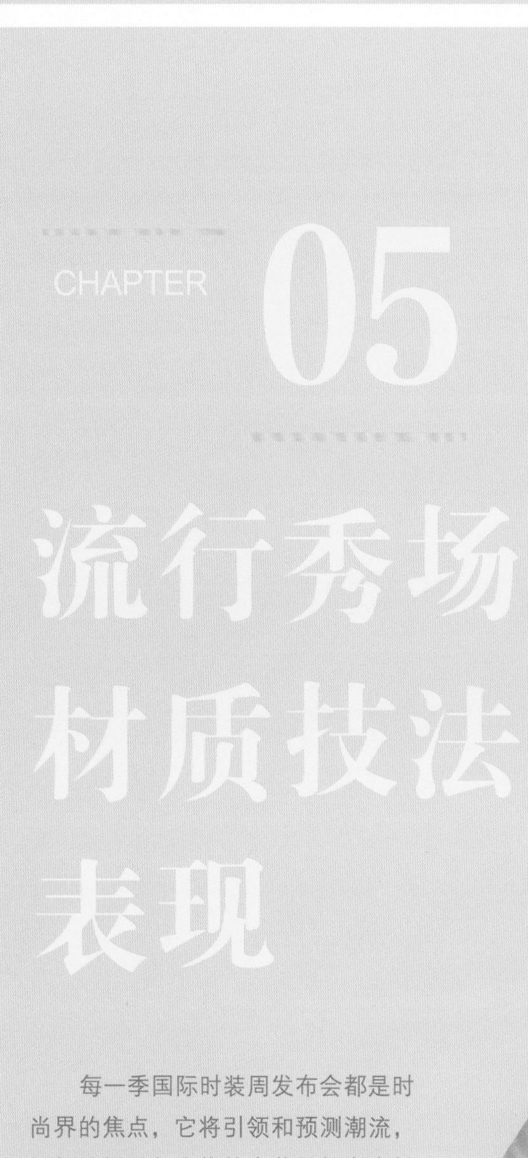

CHAPTER 05

流行秀场&材质技法表现

每一季国际时装周发布会都是时尚界的焦点，它将引领和预测潮流，即便是插画师也能从中获得很多素材与灵感！

本章借助各类绘画工具和手法，着重表现各大品牌秀场的时装款式，通过写生展示各种常见材质的绘画表现。

关于材质的绘画表现，每种技法都会分为两部分，一部分是常规面料的技法表现，一部分是带有工具特点的技法表现，由此可以让读者全方位了解和学习不同技法的常规与特质展现。

5.1 绘画工具的选择与使用

5.1.1 常用绘画工具

基础工具介绍：

自动铅笔。自动铅笔主要用来绘画草稿；为了方便擦除且不留痕迹，建议使用 2H 铅芯，或者选择 0.3mm 粗细的铅芯。

橡皮。细节橡皮可擦除画稿中的局部细节，普通橡皮用于大面积擦除。

橡皮沫清理器。使用橡皮后会产生大量橡皮沫，使用清理器可将画稿清理干净。

纸张。对于手绘练习和简单设计手稿表达，使用常用的打印纸即可。

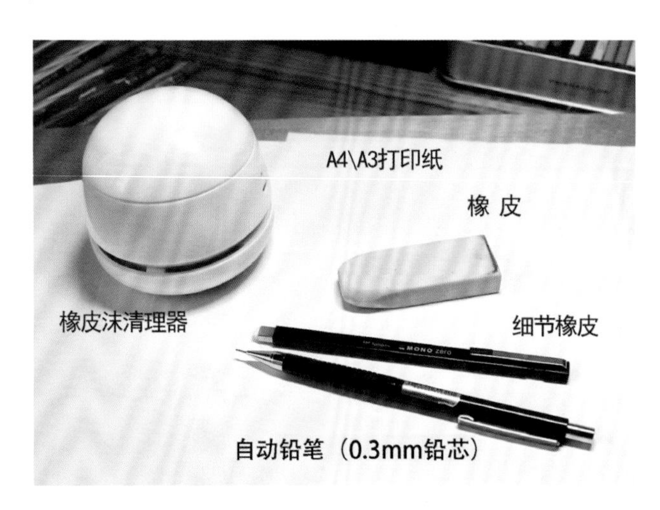

彩铅手绘工具介绍：

彩色铅笔。彩铅分为水溶性彩铅和油性彩铅，水溶性彩铅溶于水，绘画肌理明显，可多次叠加颜色（较轻上色）；油性彩铅不溶于水，绘画质感细腻，叠加颜色较困难，但可以很好地进行颜色过渡和融合。本章彩铅效果图绘制均使用水溶性彩铅。

彩铅专用纸。使用彩铅工具时最好使用彩铅专用纸，其质地均匀细腻，且不卡铅粉，既能将彩铅质感较好表现出来，又能节约铅芯，是彩铅绘画的最佳选择。

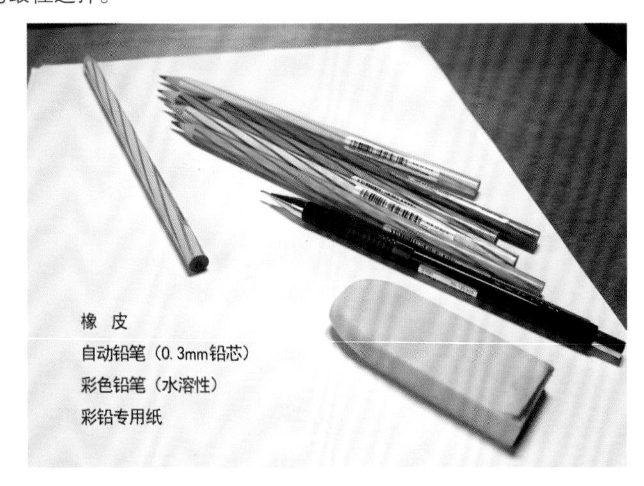

水彩手绘工具介绍：

水彩颜料。水彩颜料通常有管装颜料、固体颜料等类型，可根据绘画者不同的绘画习惯来选择适合的颜料类型。建议初学者使用固体颜料或分装好的固体颜料，方便、快捷、节约，可快速使用和收纳。

水彩笔。水彩笔种类繁多，有松鼠毛、水貂毛、狼毫或人造尼龙等材质的，材质不同，蓄水性和晕染吸湿性也不同；按款式会有平头笔、圆头笔、聚锋笔、猫舌笔等，不同的笔头所呈现的绘画效果不同，针对的服装款式部位及画法也有所不同。本章水彩技法案例主要使用松鼠毛圆头、聚锋画笔。

水彩纸。水彩纸通常分为细纹、中粗纹、粗纹三种类型，且每种纹路的水彩纸都有不同的单位克重，体现出纸张的厚与薄，可根据画面内容选择相应纸张。本章水彩技法案例主要使用 300g/m^2 细纹水彩纸。

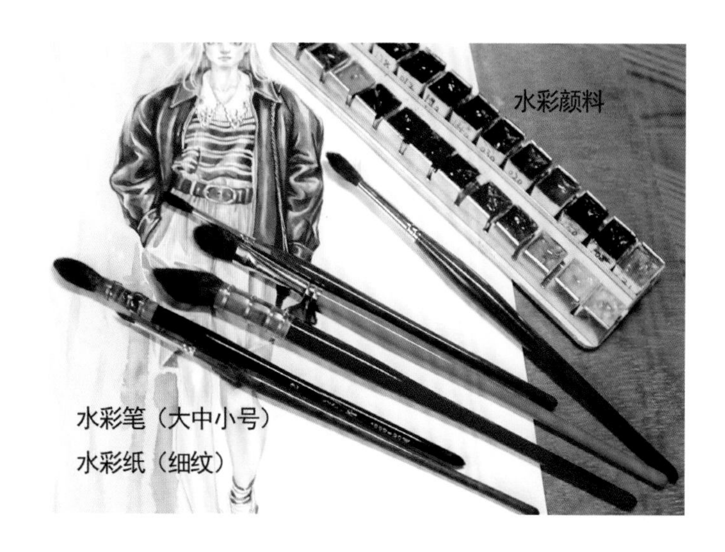

马克笔手绘工具介绍：

马克笔。马克笔根据墨水性质可分为油性马克笔、酒精性马克笔和水性马克笔。其中油性马克笔颜色柔和，可多次叠加不伤纸，且墨水速干、防水，是服装设计效果图的首选品类。马克笔从笔刷状态上可分为硬粗头、硬细头和软头笔，粗头笔适合大面积快速排色，细头笔适合刻画局部细节，软头笔则适合表现皮肤等较浅颜色或者过渡颜色。本章马克笔技法案例均使用 Copic 二代硬粗头和软头马克笔。

纤维笔。纤维笔或勾线笔，用来勾勒画稿轮廓及款式细节。

针管笔。针管笔用于勾勒脸部、五官、头发及手足等细致部位。根据效果图不同细节表现，可选择不同粗细的针管笔，通常使用 0.05mm 针管笔来刻画五官，用 0.1mm 针管笔刻画头发及身体其他部位。

马克笔专用纸。油性马克笔笔触柔软细腻，为了能更好地表现马克笔笔触质感，可选择光滑且柔韧度较高的马克笔专用纸。

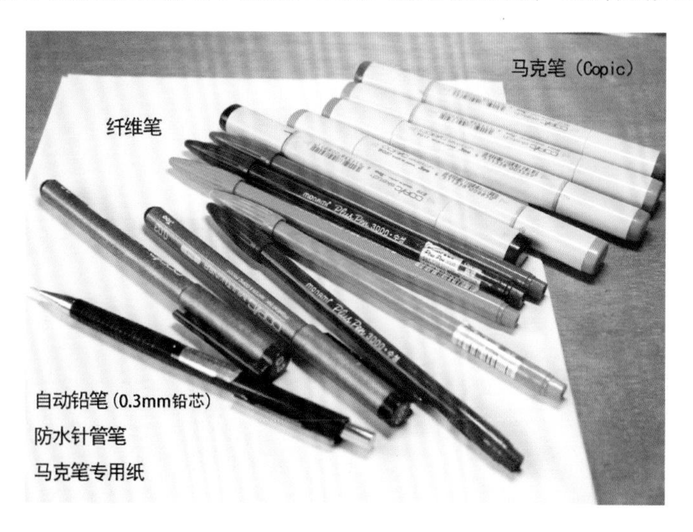

5.1.2 彩铅绘画表现

彩铅是所有彩绘技法里最容易掌握的工具之一，特点为易上色、易控制、可叠加，但由于其上色速度较慢、效率较低，因此适合初学者学习色彩关系。

彩铅绘画有以下几种技法表现：

平铺排线——控制彩铅，选择一定角度匀速排出长短、粗细、间距均匀的线条，用一定数量的线条大面积表现单色平铺效果。

渐变排线——基于平铺排线的上色技巧，根据不同上色需要，排出深浅不一的匀质线条，手握彩铅的力度时而调整，表现出渐变排线效果。

过渡排线——基于渐变排色技巧，选择不同颜色渐变叠加，表现两种或多种颜色过渡效果。

5.1.3 水彩绘画表现

水彩技法颇具艺术表现力，水彩颜料的使用取决于水分的掌控，通过水分和笔触的灵活运用来充分表现画面的虚实效果。

水彩绘画有以下几种技法表现：

湿画法。预先准备两支水彩笔：一支清水笔，一支上色笔。将清水笔充分湿润，在纸面上平铺，再使用上色笔笔尖轻轻铺色，颜色自然平铺晕染。需要注意，铺色时水分的多少以及上色笔的颜料湿度决定晕染面积与颜色浓度。

颜色晕染。预先准备两支水彩笔：一支大号清水笔，一支中号上色笔。将上色笔充分湿润并均匀蘸取颜色，在纸面上根据需要进行平铺，再快速使用湿润的清水笔将上色部分进行晕染，达到渐变或虚实效果。

平铺上色。将上色笔充分湿润后蘸取颜色，在纸面上平铺即可。

勾勒上色。在效果图中，若服装款式细节需要细致刻画，则可使用较为聚锋的水彩笔或者0号圆头水彩笔进行单线勾勒。

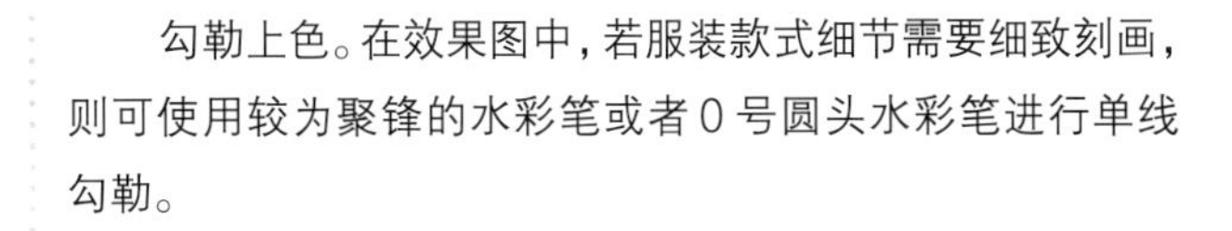

5.1.4 马克笔绘画表现

油性马克笔显色好，上色速度快且容易晾干，因此绘画时下笔要快速果断，如何快速准确地表达色彩关系和款式设计要点，是马克笔表现的难点。

具体来说，马克笔绘画有以下几种技法表现：

平铺排色。使用马克笔硬粗头，匀速有力地平行排色，笔触之间的空隙和长度要一致有序。

晕染排色。在平铺排色基础上逐渐加重某一方向的颜色，使之呈现柔和晕染效果。

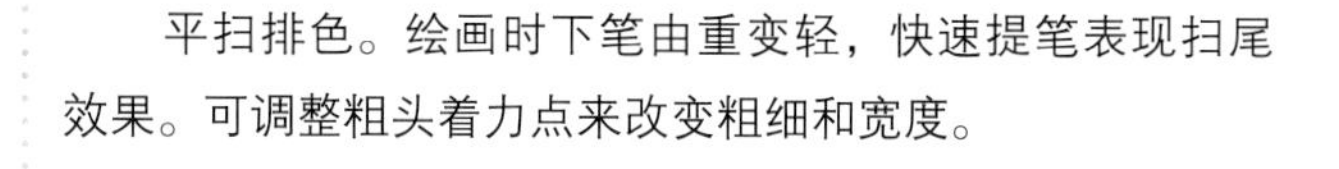

平扫排色。绘画时下笔由重变轻，快速提笔表现扫尾效果。可调整粗头着力点来改变粗细和宽度。

软笔头平扫上色。使用马克笔软头平扫上色，注意下笔由重变轻。用软笔头扫色的渐变效果较好，因此适合给皮肤上色或轻薄面料晕染上色。

平扫过渡。预先准备好需要过渡的颜色，使用平扫技法分别将两种颜色一次叠加上色，为使颜色更好融合，可待颜色晾干后多次叠加上色。

5.2 彩铅时装画绘画表现

彩铅工具下的时装画具有独特的肌理感，既可以表现出粗糙的颗粒感，也可以进行细腻或细致入微的表现，因此除使用彩铅表现图案、牛仔、皮草等常见材质之外，彩铅工具也特别适用于表现薄纱、针织类等材质。

5.2.1 彩铅常用面料表现

案例1 印染图案——丝绒印花连衣裙

Step 01

构图起稿。画出人物走姿动态，勾勒服装基础廓形与款式细节。

Step 02

定稿。使用相应颜色的彩铅进行定稿。

Step 03

使用肉色铺皮肤底色，需要表现出基础立体效果，以方便二次上色。

Step 04

平铺服装底色。

Step 05 将图案部分依次平铺上色。

Step 06 根据光影和衣褶关系进行阴影上色，图案部分依据固有色加深其暗部，突出立体效果。

案例 2　牛仔帆布——牛仔衬衣套装

Step
01

构图起稿。画出人物半侧站姿动态，勾勒服装基础廓形与款式细节。

Step
02

定稿。使用相应颜色的彩铅进行定稿。

Step
03

使用肉色铺皮肤底色，需要表现出基础立体效果，以方便二次上色。

Step
04

使用湖蓝色平铺服装底色。

Step
05

使用深蓝色轻轻平铺暗部和转折处，再将衣褶处依次排出颜色。

Step
06

使用深蓝色加重几个重点部位：腋下、裆部等，以突出立体效果。

案例 3 皮毛皮草——皮草领珠片薄纱小礼服

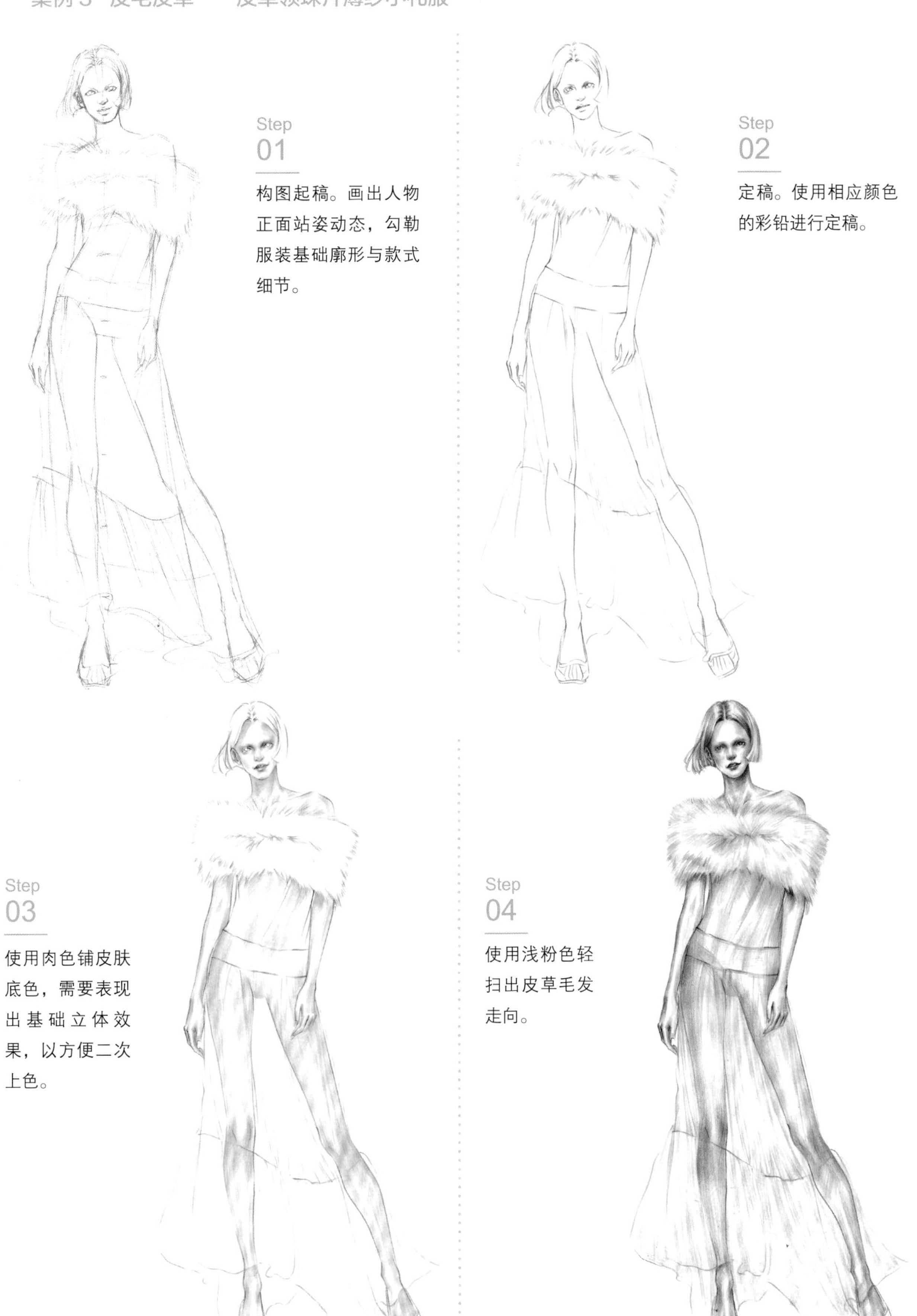

Step

01

构图起稿。画出人物正面站姿动态，勾勒服装基础廓形与款式细节。

Step

02

定稿。使用相应颜色的彩铅进行定稿。

Step

03

使用肉色铺皮肤底色，需要表现出基础立体效果，以方便二次上色。

Step

04

使用浅粉色轻扫出皮草毛发走向。

Step 05 整体上色。使用玫瑰红色加重皮草与裙子的暗部与褶皱，再使用灰紫色加紫色加深腿部颜色。

Step 06 点缀。根据服装装饰选择相应颜色进行点缀上色，增加服装肌理效果。

5.2.2 彩铅特质面料表现

案例 1 半透纱质时装款

本案例除了起稿部分需要注意纱的褶皱方向与形状把握，步骤五和步骤六重点表现半透纱技法效果，其绘画流程并不复杂，难点在于彩铅用笔的轻重和排线的秩序性，尽量顺着褶的方向铺线。

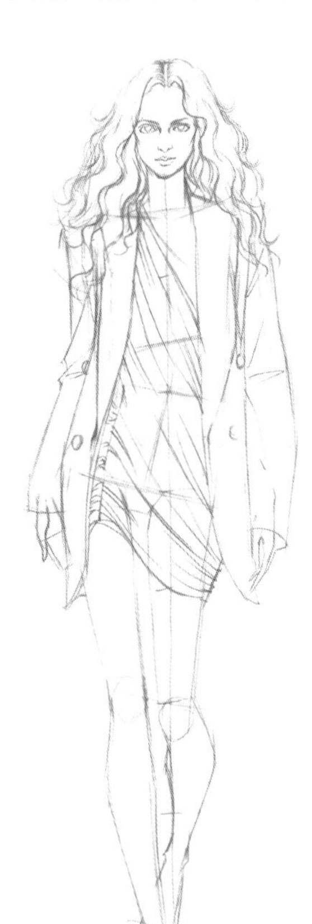

Step 01

构图起稿。画出人物走姿动态，勾勒服装基础廓形与款式细节。

Step 02

定稿。使用相应颜色的彩铅进行定稿。

Step 03

使用肉色铺皮肤底色，需要表现出基础立体效果，以方便二次上色。

Step 04

整体上色。首先将皮肤、五官、发型深入上色，着重刻画发丝、妆容细节；其次铺服装的底色，要体现一定光影、立体效果。

Step 05

深入刻画。将打底的薄纱褶皱裙进行第一次基础铺色，再进一步完成外套上色。

Step 06

在画出打底裙暗部后，完成全部服装上色，最后将鞋、纱裙等部分细节完整表现，完成效果图。

案例 2 硬质网纱小礼服款

Step
01

构图起稿。画出人物走姿动态，勾勒服装基础廓形与款式细节。

Step
02

定稿。使用相应颜色的彩铅进行定稿。

Step
03

定稿及刻画妆容。使用粉色彩铅定稿，注意硬褶纱用笔肯定硬朗。再使用肉色铺面部皮肤底色，进而深入刻画其妆容。

Step
04

身体上色。首先用肉色铺基础底色，进而使用玫瑰红色由浅及深加深暗部。

Step
05

服装上色。使用浅粉色将连衣裙整体铺色，再使用玫瑰红色画褶皱和暗部，注意褶皱处排线细密柔软，表现重磅真丝质感。

Step
06

网纱上色。使用粉色沿着网纱褶皱部位平直排线，凸显立体效果，完成后继续点缀装饰物以完成效果图。

Step 01

构图起稿。画出人物走姿动态，根据人体动态勾勒廓形。

Step 02

完善线稿图，刻画一定的款式结构和装饰细节等。

Step 03

定稿。根据服装不同的配色选择相应的彩铅进行定稿。

Step 04

上色。首先铺皮肤底色，其次用灰紫色轻铺连衣裙底色，因其材质轻薄，注意用笔要轻盈；用浅黄色轻扫针织衫；其他部位根据固有色进行上色。

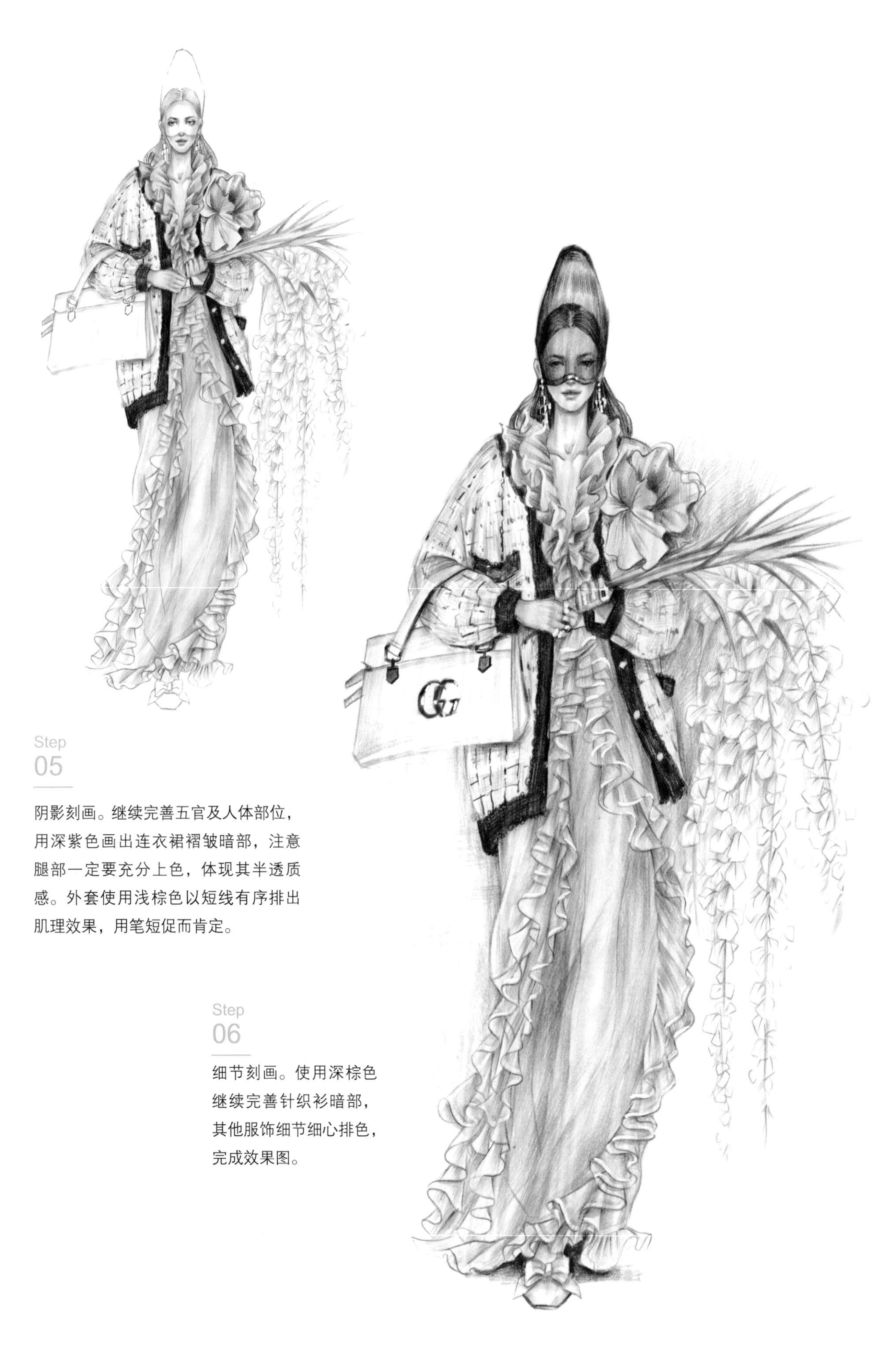

Step
05

阴影刻画。继续完善五官及人体部位，用深紫色画出连衣裙褶皱暗部，注意腿部一定要充分上色，体现其半透质感。外套使用浅棕色以短线有序排出肌理效果，用笔短促而肯定。

Step
06

细节刻画。使用深棕色继续完善针织衫暗部，其他服饰细节细心排色，完成效果图。

5.3 水彩时装画绘画表现

水彩工具功能十分强大，其肌理效果十分突出，尤其是在时装画中几乎可以解锁所有材质。水彩突出特点是利用水进行晕染，因此把握好水分就是掌握了水彩工具的核心要素。除使用水彩表现图案、牛仔、皮草等常见材质外，水彩工具也特别适用于表现混纺、毛呢和皮革等材质。

5.3.1 水彩常用面料表现

案例1 印染图案——度假休闲套装

Step 01 构图起稿。画出人物侧面走姿动态，根据人体动态勾勒服装廓形，在此基础上进一步刻画款式细节，完善线稿图。本案例起稿使用防水针管笔。

Step 02 使用玫瑰红色加柠檬黄色调出偏冷白的肤色晕染上色，待干后再刻画五官及妆容。头发使用棕黄色充分加水湿润上色，待干后加深发丝暗部。

Step
03

使用较浅较湿润玫瑰红色平铺外套底色，留出图案区域随后再上色。

Step
04

继续完善其他服装部位的图案上色。由于水彩并不具有覆盖性，所以要将底色与图案分开上色。底色铺开后，增加颜色浓度来将褶皱暗部一一晕染，注意图案本身的深浅明暗变化。

Step
05

将服装整体阴影部位进行上色。

Step
06

细节刻画。首先使用深色加深服装部分阴影以强调立体感，再使用高光颜料丰富图案的纹理细节，最后逐一将配饰配件上色，完成效果图。

案例2 牛仔帆布——蓝灰牛仔马甲

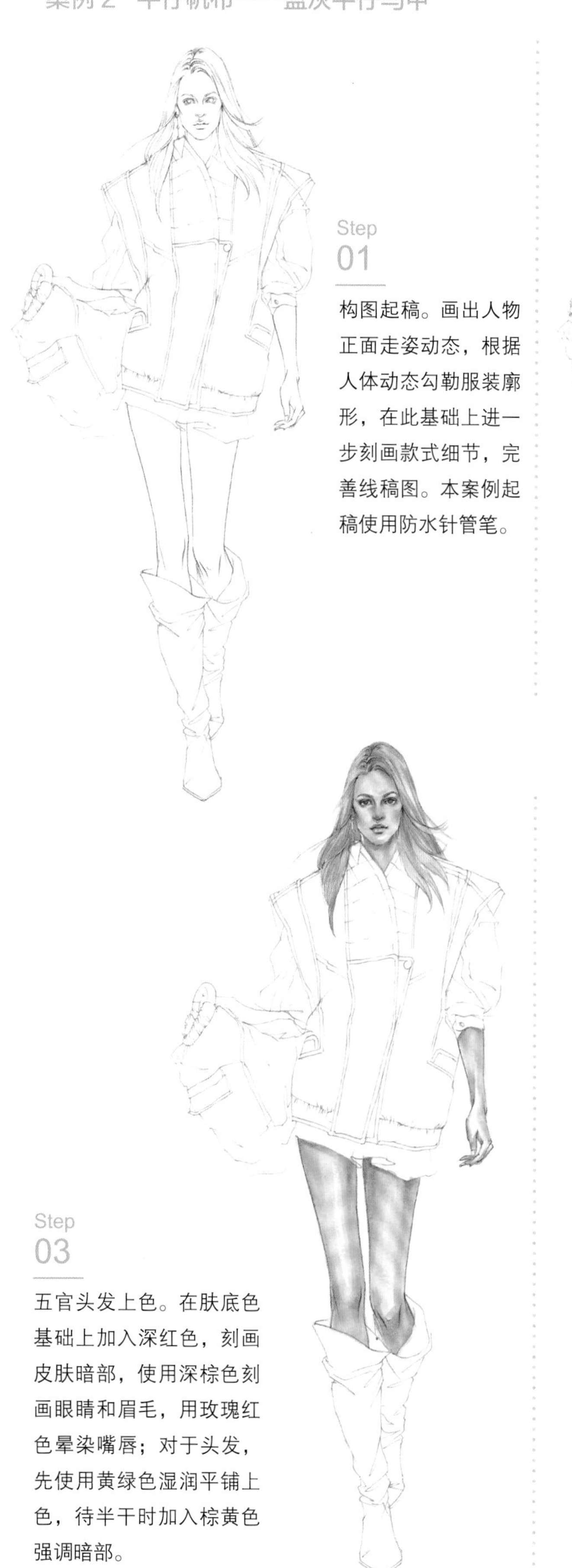

Step 01

构图起稿。画出人物正面走姿动态，根据人体动态勾勒服装廓形，在此基础上进一步刻画款式细节，完善线稿图。本案例起稿使用防水针管笔。

Step 02

使用玫瑰红色加柠檬黄色调出偏冷白的肤色晕染上色，待干后加入深红色再次晕染暗部区域。

Step 03

五官头发上色。在肤底色基础上加入深红色，刻画皮肤暗部，使用深棕色刻画眼睛和眉毛，用玫瑰红色晕染嘴唇；对于头发，先使用黄绿色湿润平铺上色，待半干时加入棕黄色强调暗部。

Step 04

铺服装底色。本案例牛仔面料为亚麻灰蓝色的，因此在普蓝色中加入橄榄绿，湿润平铺服装底色，待半干时继续加深暗部及褶皱部位。

Step
05

暗部阴影刻画。在服装底色基础上加入蓝黑色，继续刻画衣服暗部和褶皱部位，突出立体效果，同时调出灰绿色，画出鞋靴暗部和装饰。

Step
06

细节刻画。使用黑色加深腋下、门襟处等较深部位，再使用高光液用枯画法进行面料提亮，表现出牛仔服装粗糙肌理效果。

案例 3 皮毛皮草——短款皮草外套

Step
01

构图起稿。画出人物半侧站姿动态，根据人体动态勾勒服装廓形，在此基础上进一步刻画款式细节，完善线稿图。

Step
02

使用玫瑰红色加柠檬黄色调出偏冷白的肤色晕染上色，待干后加入深红色再次晕染暗部区域。

Step
03

五官头发上色。在肤底色基础上加入深红色，加深皮肤暗部，使用深棕色刻画眼睛和眉毛，用大红色加玫红色晕染嘴唇；对于头发，先使用棕黄色湿润平铺上色，后背式发型注意控制笔触，待半干时加入深棕色强调暗部。

Step
04

铺服装底色。本案例外套为皮草材质，可先使用棕黄色打底平铺，在颜色半干状态下加入赭石色晕染皮草及转折处；内搭连衣裙材质为皮质，可直接调出浓郁黑色湿润上色，半干状态下将褶皱处进行深入强调。

Step
05

本案例皮草花纹较为丰富，先调出相应的颜色进行晕染：调出深棕色，用短笔触画出细碎的皮毛尖，再使用朱红色在相应部位晕染条纹图案，最后使用黑色在相应部位晕染上色。

Step
06

细节刻画。使用高光液将皮草、皮衣等部位亮部进行点缀刻画，完成效果图。

5.3.2 水彩特质面料表现

案例1 毛呢混纺长款外套

Step
01

构图起稿。画出人物走姿动态，根据人体动态勾勒廓形。

Step
02

确定线稿，完善款式细节。

Step
03

皮肤上色。使用玫瑰红色加柠檬黄色调出偏冷白的肤色晕染上色，要着重刻画暗部；使用玫瑰红色加紫色平铺头发底色，趁湿在阴影处附加一遍紫色。

Step
04

妆容服装上色。深入五官细节，完善妆容，使用褐色刻画头发暗部；使用赭石色加褐色铺服装部分的内搭底色，再用深褐色刻画暗部；对于外套，先使用清水笔湿润，再用玫瑰红色加少量紫色晕染铺色。

Step
05

肌理刻画。外套是毛呢混纺，底色待干后，先分别用褐色、紫色横竖笔触描绘网格状纹理，注意疏密关系要充分描绘；手包为反毛皮材质，要先用清水笔湿润，再使用浓郁的赭石色充分晕染，趁湿使用深褐色加褐色刻画暗部。

Step
06

立体刻画。先使用褐色或黑色把画面暗部整体加深，再使用高光颜料整体提亮，尤其对于外套部分继续用网格状笔触进行提亮，表现面料层次感；内搭套装也需要使用高光色大面积提亮亮部，表现漆光效果。

案例 2　软皮夹克外套

Step
01

构图起稿。画出人物走姿动态，根据人体动态勾勒廓形，确定线稿,完善款式细节。

Step
02

皮肤上色。使用朱红色加柠檬黄色调出偏暖白的肤色并晕染上色，要着重刻画暗部。

Step
03

妆容服装上色。深入刻画五官细节，完善妆容：对于头发，先使用清水笔湿润，再用淡黄色平铺底色，趁湿在亮部晕染一些淡绿色、在阴影处晕染棕黄色，待干后使用褐色刻画暗部；先使用柠檬黄色湿润铺服装部分的针织衫底色，再用大红色画出条纹，对于短裤，先使用淡黄色湿润铺底色，再用土黄色刻画褶皱，最后使用棕黄或棕褐色刻画阴影。

Step
04

服装刻画。对于外套，先使用清水笔湿润，再使用棕褐色晕染，注意暗部颜色要浓郁充分。

Step
05

细节刻画。将领面、包包、鞋袜等细节部位仔细刻画；整体加深画面阴影部分。

Step
06

画面提亮。先将面料提亮，对以外套为主的服装亮部使用高光颜料充分提亮；再将五官、发型和配饰部分适当提亮，以增加画面视觉效果，最终完成效果图。

5.4 马克笔时装画绘画表现

马克笔是设计师表现效果图的常用工具，具有上色快、色效好、不脱色、易保存等特点，但马克笔同时对设计师的手绘上色能力要求较高，不仅要上色快而准，而且对工具本身的特点要非常熟悉，这样才能利用工具更好地表现出材质效果。除使用马克笔表现图案、牛仔、皮草等常见材质外，马克笔工具也特别适用于表现荧光涂层、PVC 半透明、褶纱和羽绒防水服等材质。

5.4.1 马克笔常用面料表现

案例 1 印染图案——真丝传统纹样休闲套衫

Step 01

构图起稿。画出人物走姿动态，根据人体动态勾勒廓形。

Step 02

定稿。完善款式细节，根据服装各部位不同颜色选择相应勾线笔进行定稿。

Step 03

人体上色。亚洲人皮肤使用 Copic 马克笔 E000、E00、E01/02 逐步深入铺色，对阴影部分集中进行上色以增加立体感；黑色头发上色首先要注意环境色，冷色环境下可使用蓝灰色铺色，注意留出头发高光部分。

Step 04

服装上色。先将服装中除图案以外的面料上色；皮肤部分使用 V01、E04 继续深入暗部；头发部分使用深蓝色加深暗部。

Step
05

图案上色。选择相近颜色逐步在各图案部分填色，在面料褶皱和转折处适当加深；可使用深色针管笔将五官刻画完成；对于头发，先使用深灰色加深暗部，再使用黑色马克笔深入刻画暗部，注意黑色部分要控制，不要大面积铺色。

Step
06

立体刻画。先找出图案各部分所对应的深色部分，逐一加深其阴影，再使用深灰色整体加深服装转折处等阴影，最后使用高光笔提亮，完成效果图。

案例 2 牛仔帆布——破洞做旧牛仔装

Step 01

构图起稿。画出人物走姿动态，根据人体动态勾勒廓形。

Step 02

定稿。完善款式细节，根据服装各部位不同颜色选择相应勾线笔进行定稿。

Step 03

人体上色。欧美人皮肤使用 Copic 马克笔 RV000、E00、E02 逐步深入铺色，对阴影部分进行集中上色以增加立体感。

Step 04

整体上色。继续完善头部上色：棕橘发色可先使用橘色铺底色，再使用棕色刻画暗部；使用深棕色加黑色针管笔逐步刻画眼睛和眉毛细节；唇部使用橘粉色平铺上色，适当留白。服装部分先使用浅灰蓝色平铺底色，再使用深蓝色画出面料褶皱、转折、肌理等暗部，最后将各个配饰部分进行铺色。

Step
05

暗部刻画。先使用钴蓝色平铺墨镜底色，再使用深蓝色轻扫墨镜暗部，隐约透出眼睛部分。使用蓝黑色将腋下、裆部等较暗部位继续加深。

Step
06

提亮点缀。使用高光液先将牛仔服破洞丝线进行描绘刻画，同时将牛仔肌理的亮部使用枯画法进行提亮，最后用深蓝色使用斜画法磨出牛仔服特有的粗糙肌理。

案例3　皮毛皮草——连帽皮草大衣

Step
01

构图起稿。画出人物走姿动态，根据人体动态勾勒廓形及款式细节。

Step
02

定稿。完善款式细节，根据服装各部位不同颜色选择相应勾线笔进行定稿。

Step
03

人体上色。欧美人皮肤使用Copic马克笔RV000、E00、E02逐步深入铺色，对阴影部分进行集中上色以增加立体感。

Step
04

整体上色。继续完善头部上色：使用棕黄色平铺墨镜底色，再使用棕红色或深棕色轻扫深色部分，使用豆沙色和棕色将墨镜阴影画出；唇部使用朱红色平铺底色，适当留白。皮草外套先使用浅棕色平铺底色，内搭图案使用中黄色填充花朵部分，最后的鞋子部分使用棕色平铺底色。

Step
05

暗部刻画。使用棕色将皮草厚度、转折等处深入刻画，继续使用棕色画出内搭图案的叶子、用粉色画出其他相应图案。

Step
06

点缀刻画。先使用深棕色或棕黑色将服装暗部整体加重，再使用彩色纤维笔将图案细节一一刻画，最后使用高光液将皮草和身体其他高光部位进行提亮，完成效果图。

5.4.2 马克笔特质面料表现

案例 1 荧光涂层硬褶款

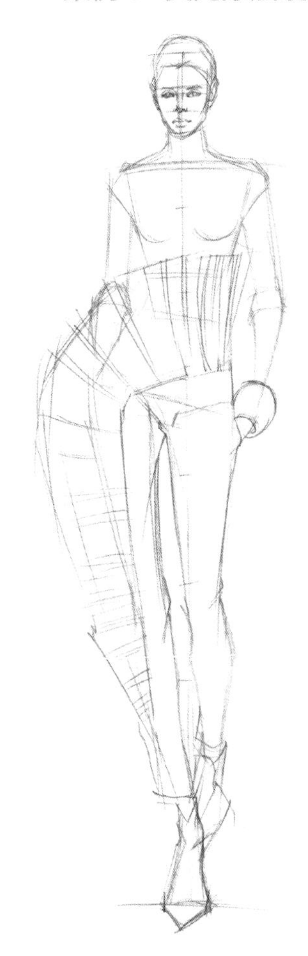

Step
01

构图起稿。画出人物走姿动态，根据人体动态勾勒廓形。

Step
02

定稿。完善款式细节，根据服装各部位不同颜色选择相应勾线笔进行定稿。

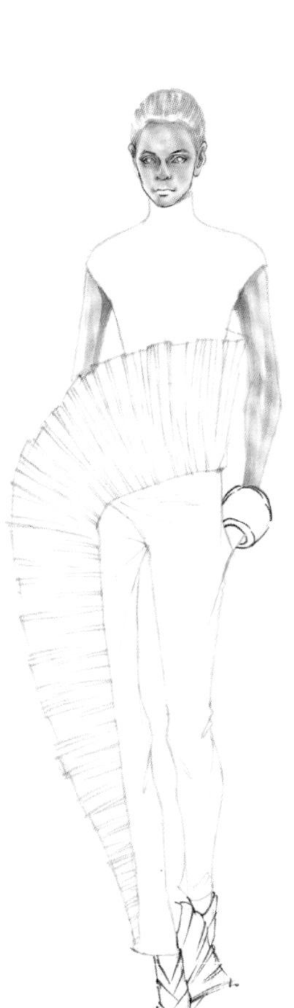

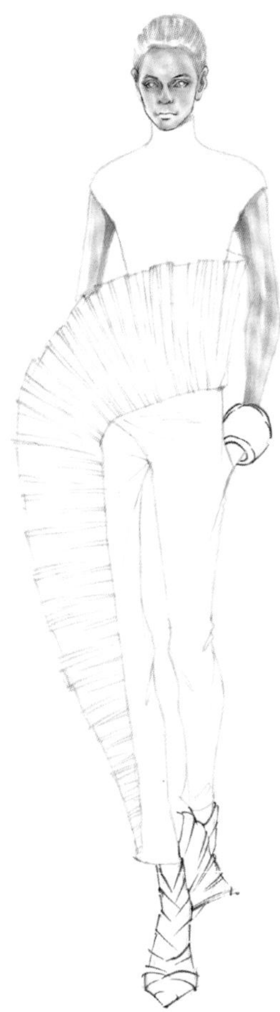

Step
03

人体上色。欧美人皮肤使用 Copic 马克笔 RV000、E00、E02 逐步深入铺色，对阴影部分进行集中上色以增加立体感；上浅荧光发色时首先要注意环境色，冷色环境可先使用浅绿色铺色，注意留出头发高光部分。

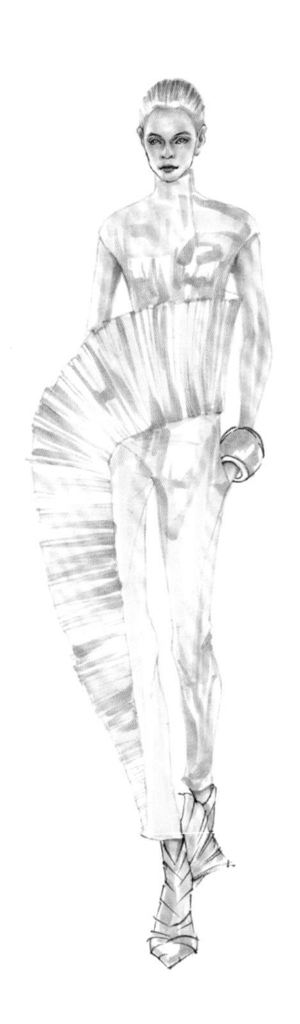

Step
04

服装上色。由于面料以渐变色印染为主，分析其色彩关系应先铺浅色——选择浅墨绿色、浅湖蓝色、浅紫色上色，注意颜色要互相糅合以体现渐变效果；使用 V01、E04 继续加深皮肤暗部；使用钴蓝色加深头发暗部。

Step
05

阴影上色。选择接近图案颜色的深色系逐步加深——用深墨绿色、深蓝色、深紫色加深暗部；可使用深色针管笔将五官刻画完成，可用高光笔提亮发丝表现固有色。

Step
06

整体提亮。先使用深棕色加深腋下、腰部等暗部强调立体感，再用高光笔提亮胸、裤腿、褶皱亮部，白色要充分，表现出面料的涂层荧光效果，完成效果图。

案例 2 PVC 半透休闲装

Step
01

构图起稿。画出人物走姿动态，根据人体动态勾勒廓形。

Step
02

定稿。完善款式细节，根据服装各部位不同颜色选择相应勾线笔进行定稿。

Step
03

人体上色。亚洲男性皮肤使用 Copic 马克笔 E000、E00、E02 逐步深入上色。

Step
04

服装上色。半透材质上色分两步：先将底层服装着色，再将半透面料进行着色。本案例底色使用 Copic 朱红色马克笔上色，裸露面料部分可均匀铺色，被覆盖部分要将两层面料紧贴处轻扫上色；半透外套使用浅灰紫色来将转折、褶皱暗部以及留白的其他部位轻扫上色；可使用 V01、E04 继续加深皮肤暗部。

Step
05

阴影刻画。服装底层选择深红色刻画暗部，被覆盖部分根据上一步笔触边缘轻扫暗部，注意面积不宜过大；外套用中灰色继续加深暗部；其他服饰和装饰可继续完善。

Step
06

整体提亮。先使用深灰色和黑色加深画面暗部以强调立体感，再用高光笔提亮外套褶皱和转折的高光部分，白色要充分，表现出面料的通透效果，完成效果图。

案例 3　缎面纱质半透时装款

Step
01

构图起稿。画出人物走姿动态，根据人体动态勾勒廓形。

Step
02

定稿。完善款式细节，根据服装各部位不同颜色选择相应勾线笔进行定稿。

Step
03

人体上色。欧美模特皮肤使用 Copic 马克笔 RV000 初次上色，用 E00、E02 逐步深入铺色；头发可先使用浅绿色铺底色，再用浅棕色勾勒发丝暗部和头发转折处。

Step
04

服装上色。缎面纱质也属于半透材质，铺色分两步：本案例底色使用肉粉色上色，被覆盖部分要将两层面料紧贴处轻扫上色；外层面料为压褶效果，褶皱亮部用柠檬黄色上色，暗部用浅橄榄绿色上色。

Step
05

服饰上色。裤子用深红色平铺，再用棕红色画暗部，继续将其他服饰部分上色，最后使用高光笔分别将头部、外衣、裤子的亮部逐一提亮。

Step
06

画面整理，继续完成另一个模特的上色。

案例 4　羽绒填充运动户外装

Step
01

构图起稿。画出人物半侧站姿动态，根据人体动态勾勒廓形和款式细节。

Step
02

定稿。完善款式细节，根据服装各部位不同颜色选择相应勾线笔进行定稿。

Step
03

人体上色。亚洲人皮肤使用 Copic 马克笔 E000、E00、E01/02 逐步深入铺色，阴影部分进行集中上色以增加立体感；黑色头发上色时首先要注意环境色，冷色环境下可先使用蓝灰色铺色，注意留出头发高光。

Step
04

整体上色。使用 V01、E04继续深入皮肤暗部，使用深蓝色加深头发暗部；使用大红色和普蓝色依次画出羽绒服部分格纹图形；帽子、内搭和打底裤先使用大红色和普蓝色纤维笔画出图形，再使用大红色和普蓝色马克笔填涂相应图形。

Step
05

图形刻画。继续使用相应颜色的马克笔和纤维笔细化图形细节，再使用灰紫色整体刻画服装暗部。

Step
06

点缀提亮。使用高光笔和高光液进行亮部刻画，完善效果图。

案例5 混合技法表现硬纱连衣裙

Step
01

构图起稿。画出人物走姿动态，根据人体动态勾勒廓形。

Step
02

定稿。完善款式细节，根据服装各部位不同颜色选择相应勾线笔进行定稿。

Step
03

人体上色。皮肤使用Copic马克笔RV000初次上色，用E00、E02逐步深入铺色，最后使用棕黄色强调发际线、四肢的暗部；头发使用浅棕色铺底色，再用棕黄色勾勒发丝暗部和头发转折处。

Step
04

服装上色。底层连衣裙可继续使用棕黄色马克笔铺色，外层褶纱可使用深蓝色彩铅刻画褶皱。

Step
05

暗部刻画。继续使用深蓝色彩铅加深褶纱暗部；鞋为反毛皮材质，可先使用马克笔铺底色，再使用接近色深色系彩铅扫出粗糙肌理感。

Step
06

高光提亮。使用高光液点缀装饰并进行画面高光提亮，完成效果图。

CHAPTER 06

男装手绘综合技法表现

男装绘画并不复杂，在效果图的表现上与女装绘画并无区别，其难点主要在人物造型上：体态与五官。本章需结合 1.4 节内容，深入解析男装绘画流程。

本章案例综合运用了彩铅、水彩、马克笔三种工具，分别以其技法特点展现相应的面料材质。

6.1 秋冬厚质款男装绘画表现

6.1.1 彩铅表现翻毛皮草休闲装

Step
01

构图起稿。画出男人走姿动态，根据人体动态勾勒廓形。

Step
02

定稿。根据服装各部位不同颜色选择相应彩铅进行定稿，注意勾勒领子处皮毛方向，完善款式细节。

Step
03

皮肤上色。使用肉色铺皮肤底色，用棕黄色刻画暗部。

Step
04

头发上色。先使用棕黄色铺头发底色，再使用深棕色勾勒发丝，并刻画阴影部分；上衣部分先轻扫出阴影，亮部适当留白。

Step 05

服装上色。将毛领、裤子等其他服饰完成铺色，彩铅上色要注意层次。

Step 06

阴影刻画。服装底色上色完成后，可使用对应的深色彩铅加重褶皱、转折、层叠出的阴影部分，注意排线疏密一致，把握其节奏感，最后使用高光颜料提亮，完成效果图。

6.1.2 水彩表现皮草帽毛呢针织休闲装

Step
01

构图起稿。画出男人走姿动态，勾出服装廓形，然后使用棕色防水针管笔确定线稿并刻画款式细节。

Step
02

皮肤上色。选择玫红、柠檬黄和浅棕色调出男性肤色，可略比女性肤色稍重，湿润均匀上色，待半干后加入深红色加深暗部。

Step
03

五官刻画。调出深棕色将眉毛和眼睛深入刻画，再调出淡橘色晕染唇部，注意男性唇部上色较浅。帽子部分使用棕色湿润均匀上色，待半干后继续用棕色浓郁上色，着重刻画皮毛较厚部位，初步表现皮草的肌理与明暗关系。

Step
04

服装上色。打底毛衫需要先用清水笔湿润平铺，再快速使用预先调好的深橄榄绿色平铺上色，自然晕染，待半干后调出深绿色局部晕染，表现出针织的粗糙肌理效果。外套上色步骤同上，先清水铺色，再使用棕黄色平铺，半干后调出较重棕色（偏棕黄）晕染褶皱、转折等暗部阴影。

Step
05

深入刻画。调出深色，针对服装不同部位深入刻画暗部，突出立体效果，注意图案部分颜色要浓郁。

Step
06

点缀刻画。使用高光液先挑染皮草毛的亮色，再依次将服装部分和鞋靴点缀亮部，突出肌理效果，完善效果图。

6.1.3 彩铅表现渐变色羊毛休闲装

Step 01

构图起稿。画出人物走姿动态，根据人体动态勾勒廓形。

Step 02

定稿。根据服装各部位不同颜色选择相应彩铅进行定稿，注意外套使用断断续续的弧形笔触勾勒，完善款式细节。

Step 03

皮肤上色。使用肉色铺皮肤底色，用棕色刻画暗部。

Step 04

服装上色。先使用棕色铺头发底色，再使用深棕色勾勒发丝，并刻画阴影部分；底层套装用大红色均匀平铺，再用深红色加深暗部，注意暗部排线体现出渐变效果。

Step
05

质感表现。外套部分为三色渐变，使用彩铅逐步过渡即可，难点在于卷羊毛质感表现，用笔要轻快，打圈式秩序上色，亮部用笔较轻，暗部可加重笔触。

Step
06

配饰上色。继续完善鞋、包、帽等部分，使用高光笔提亮五官高光处，完成效果图。

6.2 春夏轻薄款男装绘画表现

6.2.1 彩铅表现白色运动休闲装

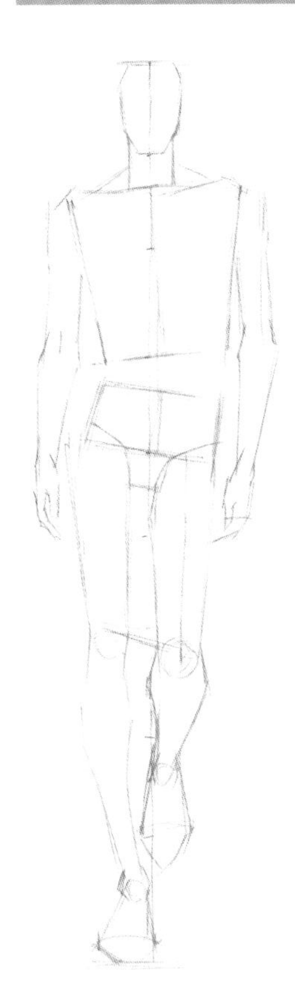

Step
01

构图。画出男人走姿动态。

Step
02

起稿。细化头部，根据人体动态勾勒廓形。

Step
03

定稿。根据服装各部位不同颜色选择相应彩铅进行定稿，注意外套使用断断续续的弧形笔触勾勒，完善款式细节。

Step
04

皮肤上色。使用肉色铺皮肤底色，用棕色刻画暗部；头发可用橘红色先铺底色，再细化发丝等细节。

Step

05

刻画图案。用深灰色彩铅勾勒上衣字母、图形，进而排线铺色。

Step

06

阴影上色。先使用深蓝色将服装暗部统一着色，再使用深灰色着重刻画较暗部位，突出立体效果。

6.2.2 马克笔表现针织休闲商务套装

Step
01

构图起稿。画出人物走姿动态，根据人体动态勾勒廓形。

Step
02

定稿。使用彩色纤维笔，根据服装各部位不同颜色进行定稿，进而使用Copic马克笔绘制。

Step
03

皮肤上色。欧美人皮肤使用Copic马克笔RV000、E00、E02逐步深入铺色，阴影部分集中上色以增加立体感；头发可先用柠檬黄色铺色，注意留出头发高光部分。

Step
04

服装上色。米色羊绒针织衫可先用浅米色局部铺色，留出亮部，衬衫使用浅蓝灰色铺色，裤子使用浅蓝色铺色；皮肤继续使用V01、E04加深暗部，用深色针管笔刻画五官等细节；使用黄绿色加深头发暗部。

Step

05

阴影上色。使用黄绿色刻画针织衫阴影部分，轻扫笔触注意虚实效果，再用同色系纤维笔根据光效纵向画出纹理，使用绿色系颜色逐步刻画图案部分，强调造型感；衬衣和裤装暗部使用普蓝色加深；使用灰色系颜色给手提包铺色。

Step

06

立体刻画。首先选择高纯度颜色铺背景，然后使用高光笔在针织衫边缘处点缀细密毛绒短线，表现材质特点；深入刻画其他细节部分，完成效果图。

6.2.3 马克笔表现商务轻奢西服套装

Step
01

构图起稿。画出男人走姿动态，根据人体动态勾勒廓形。

Step
02

定稿。使用彩色纤维笔，根据服装各部位不同颜色进行定稿，进而使用 Copic 马克笔绘制。

Step
03

皮肤上色。非洲裔模特皮肤使用肉色平铺上色，再使用豆沙色、浅棕红色逐步深入铺色，阴影部分集中上色以增加立体感；头发可使用蓝灰色铺底色，注意留出头发高光部分。

Step
04

服装上色。西服套装使用果绿色平铺上色，暗部可加重笔触重复上色，内搭使用灰紫色平铺上色；五官使用黑色针管笔刻画细节，头发使用深蓝灰色加深暗部，手提包和鞋使用橄榄绿铺底色。

Step
05

阴影上色。西服套装使用普蓝色（或蓝黑色）刻画阴影部分，轻扫笔触注意虚实效果，再用中绿色（草绿色）纵向画出亮面纹理，强调造型感；手提包和鞋使用墨绿加深暗部。

Step
06

立体刻画。首先选择高普蓝色铺背景，然后使用墨绿色纤维笔画出西装纹理，注意面料褶皱与转折处的纹理走向变化。最后使用高光笔将亮部提亮，完成效果图。

6.2.4 水彩表现印花图案休闲装

Step

01

构图起稿。先画出男人正面直立站姿动态，勾画服装廓形，然后使用棕色、深蓝色防水针管笔确定线稿并刻画款式细节。

Step

02

皮肤上色。选择玫红色、柠檬黄色调出男性肤色，可略比女性肤色稍重，湿润均匀上色，待半干后加入深红色、紫色加深暗部；调出柠檬黄色湿润平铺头发底色，趁湿加入棕黄色刻画暗部，初步表现头发立体关系。

Step

03

五官刻画。调出深棕色将眉毛和眼睛深入刻画，再调出紫红色晕染唇部，该案例男性唇部较深。继续使用棕红色加深头发暗部。

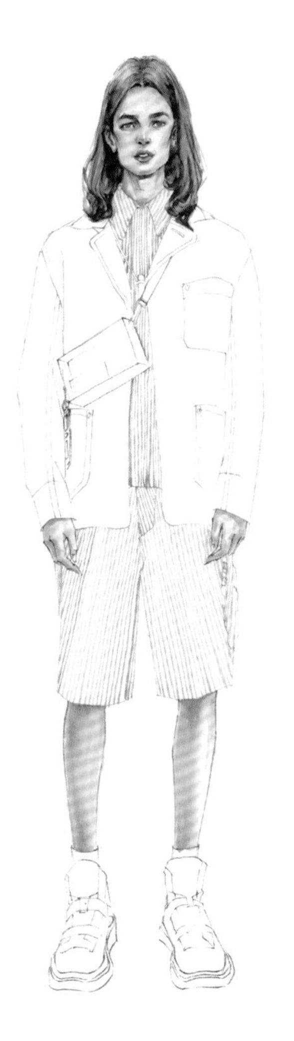

Step

04

图案上色。本案例图案为抽象自然元素图案，且形式为手绘风格，因此上色相对自由随意，表现出自然元素手绘风，可选用相应的颜色先平铺上色。斜挎装饰包为亚克力镂空材质，可先用柠檬黄色平铺，再调出棕绿色将透出的底色细致刻画，表现通透效果。

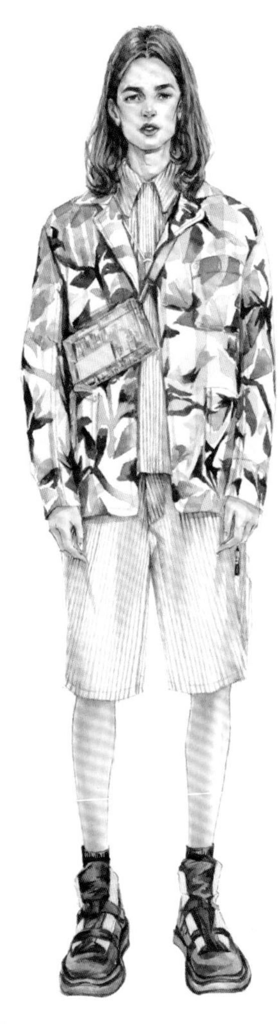

Step

05

服装暗部上色。调出灰蓝色将衣服转折暗部晕染上色，突出立体感。

Step

06

点缀提亮。使用高光液刻画亮部，再调出深绿色渲染背景色，完成效果图。

PART 3

进 阶 篇

——手绘高阶及 Procreate 技法训练

风格即可以用同一款式的不同呈现状态来界定，一件服装的动态表现、局部表现、静态表现，根据模特或场景的变换均有不同的风格，甚至绘画者迥异的个性和心情都可以形成独特的风格类型。因此培养绘画风格成为这一阶段的重要目标。

层次则是更为具体的绘画手法——透视层、空间层、时间层等，可以通过布局、面料、图形变化等方式进行设计，绘画者可以利用多种工具和绘画技巧进行呈现。熟练利用层次表现方式，可以更好地强化时装画的视觉效果。

CHAPTER 07

局部人像 & 时尚街拍技法表现

基础章节中已学习过人体绘画流程，通过对人体结构的把握，可以简单清晰地进行头部表现，本章以人体结构绘画为基础，对五官、发型进一步深入探索，充分表现结构细节、色彩关系、明暗对比等方面。

7.1 局部人像技法表现

7.1.1 彩妆配饰风格表现

头部妆容装饰是人物时装画的表现重点，彩铅可以细微深入地刻画五官妆容及首饰配饰，也能很好地控制色彩变化及光影渐变效果，因此在局部人物时装画中可以多采用彩铅来练习。

案例1 渐变色中长发欧式中性风

Step 01 用铅笔起稿。初步勾勒头部轮廓。

Step 02 用彩铅定稿。用棕红色确定轮廓和五官细节。

Step 03 皮肤上色。使用肉色铺暗部颜色，再结合柠檬黄轻扫亮部高光部位。

Step 04 皮肤刻画。用浅粉色加深皮肤及五官暗部，明暗交接处可以用灰紫色等较深颜色过渡，眼窝周围用棕红色进行深入刻画，嘴唇用玫瑰红初次铺色。

Step 05 五官头发上色。可以用较深颜色加深细节，集中将眼珠、唇缝、鼻底等较重部位重点刻画，对头发上色时可根据模特实际发色进行铺色，选择柠檬黄加玫瑰红渐变柔和初次铺色。

Step 06 细节刻画。现将领子部分平铺完成，再用深棕或黑色充分强调头发耳根周围的发色，其他头发暗部可选择深红或棕色勾勒，最后用高光笔点缀头发暗部，突出闪光效果，完成效果图。

案例 2 欧式甜美风

Step 01 用铅笔起稿。初步勾勒头部轮廓。

Step 02 用彩铅定稿。用棕色彩铅确定轮廓和五官细节。

Step 03 皮肤上色。使用浅粉色铺暗部颜色，用肉色逐渐过渡，再结合柠檬黄轻扫亮部高光部位。

Step 04 五官上色。皮肤暗部用紫色加深，再用深棕色彩铅勾勒五官细节，头发先用中黄色铺底色，再用棕色描绘暗部与发丝，表现出头部立体感。

Step 05 细节刻画。使用玫瑰红将腮部、嘴唇轻微铺色，增加妆容效果，使用黑色强调头发较暗部分，再继续将领巾平铺上色。

Step 06 整体刻画。领部面料为白色半透纱材质，因此可在阴影部位较浅上色，最后使用高光笔提亮瞳孔、鼻头、嘴唇、发丝等高光部位，完成效果图。

案例 3　包巾装饰镜嬉皮风

Step 01　用铅笔起稿。初步勾勒头部轮廓。

Step 02　用彩铅定稿。用棕色彩铅确定轮廓和五官细节。

Step 03　皮肤上色。眼镜里的肤色受镜片影响，色彩与其他面部肤色略有不同，先使用浅粉色铺整个面部暗部颜色，用肉色逐渐过渡，再结合柠檬黄轻扫亮部高光部位，镜片里再使用橘色平铺上色，使用棕色再次加深暗部。

Step 04　五官上色。皮肤整体暗部用棕红色加深，镜片内用深棕色继续加深，再用黑色彩铅勾勒五官细节，头发先用柠檬黄色铺底色，再用浅棕色轻轻描绘刘海部位。

Step 05　头发上色。刘海使用棕红色刻画上下边缘，逐步向中间亮部过渡，增强刘海厚度和立体感，散发根据卷形的起伏，将颜色铺在卷的上下部分，突出卷的立体感，最后集中加深脸两侧头发，逐渐向发尾过渡颜色。

Step 06　服饰上色。头巾单用红色，先均匀铺底色，再集中刻画褶皱暗部；眼镜装饰可用深蓝色精细刻画；项链使用黑色画出底色和轮廓，再用棕色画出玻璃质感，最后整体用高光笔提亮，完成效果图。

案例4 民族元素装饰风

Step 01 用铅笔起稿。初步勾勒头部轮廓。

Step 02 用彩铅定稿。用棕色彩铅确定皮肤轮廓和五官细节，用深蓝色确定服饰部分。

Step 03 皮肤上色。先使用肉色铺暗部颜色，用橘粉色逐渐过渡，再结合柠檬黄轻扫亮部高光部位。

Step 04 五官刻画。使用灰紫色加深面部暗部，用粉色刻画边缘和明暗交界处，最后用黑色彩铅勾勒五官细节。

Step 05 服装上色。先用棕红色刻画发丝，用深棕色加深发丝暗部，再根据写生案例选择相应颜色平铺服装图案，根据图案形状填充颜色。

Step 06 整体刻画。使用黑色将头部较暗部位深入刻画，选择深蓝色加深发饰和服装部分，最后整体提亮，完成效果图。

7.1.2 半身肖像风格表现

半身肖像与局部人像相比，除刻画头部外，还要画出上身局部服装，因此除了妆容、发型，服装材质也在训练范围之内。本节以水彩为媒介展开半身肖像的手绘练习。

案例 1 编织材质装饰度假风

Step 01 用铅笔起稿。初步勾勒人物半身轮廓。

Step 02 皮肤上色。使用玫瑰红加柠檬黄调出肤色并清淡上色，上色部位由暗部向亮部晕染。

Step 03 五官发型上色。对肤色多次晕染上色以凸显立体感，再用重色勾勒五官，发型先用棕红色湿润铺色，趁湿使用棕黑色强调头发暗部。

Step 04 服饰上色。先调出棕黄色清淡铺色，用笔湿润，注意把控帽子、叶子的造型轮廓，服装用玫瑰红加紫色清淡晕色。

Step 05 阴影上色。帽子部分有远近透视效果，帽檐部分较近，可选择对比较强的颜色刻画细节——使用深棕色浓郁上色，着重将帽子结构和编织肌理均匀勾勒；帽顶部分较远，可将先前的深棕色稀释后刻画其编织结构；对于服装，应调出紫色晕染暗部和褶皱。

Step 06 整体刻画。使用高光液先将帽子前方装饰的叶子提亮，表现出层次感，再依次从上至下对画面高光部分进行提亮，完成效果图。

Step
01

用铅笔起稿。初步勾勒人物半身轮廓。

Step
02

皮肤上色。使用玫瑰红加柠檬黄调出肤色并清淡上色，上色部位由暗部向亮部晕染。

Step
03

肤色加深。对皮肤多次晕染上色以凸显立体感。

Step
04

整体上色。先将发型发饰清淡铺色，然后趁湿对暗部进行二次深入上色；服装部分用清水笔湿润，将服装固有色清淡晕色，趁湿调出暗色晕染暗部，注意褶皱和转折处。

Step
05

阴影上色。对于发型发饰，先调出暗色塑造立体感，注意花卉虚实变化，不用刻意深入刻画细节；继续加深服装暗部，更加清晰表现出褶皱关系。

Step
06

整体刻画。先使用黑绿色将画面暗部整体加深，再使用高光液提亮亮部，完成效果图。

7.2 时尚街拍技法表现

街拍类时装画对手绘能力有更高要求——模特动态比较丰富，穿着风格更为日常，色彩搭配也柔和自然，在手绘过程中更需要有表现性和个性，因此难度有所提升。

7.2.1 单人街拍

案例1 水彩表现日系甜美风

Step 01 用铅笔定稿。画出人物站姿动态，勾勒服装款式造型。

Step 02 皮肤发型上色。用玫瑰红加柠檬黄调出肤色并清淡晕色，趁湿二次深入阴影部位，突出立体感；对头发先用玫瑰红湿润铺底色，待干后调出中绿色挑染发丝。

Step 03 五官服装上色。先使用深色勾勒五官细节，用朱红色加玫瑰红铺嘴唇色；上衣使用绿色系平铺底色，图形留白。

Step
04

服装深入刻画。一是格子衬衫，水彩格纹需要先上浅色纹理，再覆盖深色纹理；二是裙子，先用清水笔湿润裙子区域，快速上色均匀晕色，趁湿二次上色刻画皱褶和暗部；三是配饰，调出偏暖的浅灰色画浅色包包和鞋子暗部。

Step
05

图案上色。将留白的图案依次上色。

Step
06

整体刻画。使用深蓝加深绿色加重画面的暗部区域，再使用高光液提亮受光部位，完善效果图。

案例 2　水彩表现休闲风

Step 01　用铅笔定稿。画出男性半侧站姿，轻轻勾勒背景线稿。

Step 02　皮肤发型上色。用玫瑰红加柠檬黄调出基础肤色，再稍加淡绿色降低纯度，清淡晕色，趁湿二次深入阴影部位，突出立体感；头发用中绿色湿润铺色。

Step 03　五官服装上色。先使用深色勾勒五官细节；上衣为天鹅绒材质，先用清水笔充分湿润，再使用绿色加普蓝色平铺底色，趁湿在基础色上加入黑色刻画暗部。

Step 04　整体上色。裤子颜色比上衣颜色更为浓重且偏暖绿，调出所需颜色均匀上色，降低明暗对比；依次将围巾和斜挎包铺色。

Step 05 背景上色。根据写生照片画出场景，继续深入刻画人物暗部和款式细节。

Step 06 整体深入。先使用黑绿色或直接使用黑色持续加深较重部位，再用高光液进行局部点缀和提亮，完成效果图。

案例 3 彩铅表现牛仔街头风

Step
01

用铅笔画线稿。画出女人半侧站姿，勾勒服装廓形，画出宠物狗基本造型。

Step
02

用彩铅定稿。使用相应颜色的彩铅确定人体、服装、宠物的外轮廓线。

Step
03

基础上色。使用棕黄色排出皮肤底色，用棕色顺着发丝走向排出头发底色，用浅蓝色整体平铺服装部分，围巾则使用深蓝色轻轻排色，宠物则先使用棕红色铺底色。

Step
04

细节刻画。先使用深棕色深入刻画五官细节，其中唇部使用粉红色上色，使用深蓝色将服装褶皱、转折等暗部深入刻画，使用黑色将宠物深色部位排色。

Step
05

暗部刻画。使用蓝黑色配合黑色将服装暗部更加深入刻画，凸显整体立体效果，再使用深蓝色将牛仔服上的车缝线清晰勾勒，用短线排出凹凸不平的肌理效果。使用黑色将宠物狗的眼睛、鼻子、嘴细致刻画。

Step
06

亮部点缀。使用高光液先将牛仔服的浅色肌理一一点缀提亮，再依次将面料边缘等其他亮部细致点缀，完成效果图。

7.2.2 组合街拍

案例1 三人组皮衣休闲款

Step 01 动态表现。由于多人组合动态变化较大，因此可在此步骤多做调整，达到人物间的协调与平衡。

Step 02 线稿确定。用铅笔完善款式细节，确定线稿。

Step 03 皮肤上色。用玫瑰红加柠檬黄调出肤色并清淡晕色，趁湿二次深入阴影部位，眼周可加朱红色表现出妆容效果，并突出立体感。

Step 04 五官发型上色。使用深棕色勾勒五官，头发统一用棕黄色铺底色，再加深棕色刻画阴影部分。

Step 05 服装上色。逐个上色，先用清水笔充分湿润服装，快速铺色，趁湿于阴影部位再进行二次上色。如果面积过大水分易干，可以分部位依次上色，注意保证颜色的一致性。

Step 06 整体刻画。本案例款式结构并不复杂，因此将服装立体感和层次感表达清楚，再加以细节刻画，即可成功表现出想要的画面效果。最后使用高光液提亮，完成效果图。

案例 2 三人组针织休闲款

Step 01 动态表现。本案例三人组动态角度不同，站位略有叠加，因此可在此步骤多做调整，直到保持人物间的协调与平衡。

Step 02 线稿确定。使用相应颜色的针管笔确定线稿，刻画人物与款式细节。

Step 03 皮肤上色。使用玫瑰红、淡黄色调出略微泛红的肤色晕染上色，初步表现皮肤立体效果。

Step 04 五官刻画。在肤底色基础上加入深红色继续加深暗部，随后用深棕色刻画眼睛、眉毛细节，用朱红色晕染嘴唇，调出棕黄色平铺头发底色，对中间和右边的模特可继续使用棕红色晕染头发暗部。

Step 05

服装上色。根据不同模特服装颜色对应上色，注意上衣为针织短羊绒，需要先铺清水，再快速晕染暗部颜色，待半干后加入深色继续刻画暗部；裙装为灯芯绒材质，可直接使用底色晕染平均铺色，颜色要浓，待半干后加入深色晕染暗部。

Step 06

暗部刻画。分别将不同样式服装加入深色刻画暗部，最后将上衣图案依次晕染，根据画面效果对背景铺色，最后使用高光液，运用细短笔触点缀针织衫的毛绒线，完成效果图。

7.2.3 亲子街拍

案例 1 婴童亲子拼色休闲装

Step
01

用铅笔起稿。画出女性走姿动态，注意肩肘变化，描绘环抱婴儿姿态。勾勒服装基础廓形。

Step
02

用彩铅定稿。根据人体与服装颜色确定线稿，注意款式细节。

Step
03

平铺底色。将皮肤与服装初步铺色，案例人物肤色偏白，女性与婴儿皮肤使用浅粉色铺底色。

Step
04

整体上色。先使用棕红色加深皮肤暗部，刻画眼、鼻等处的立体阴影，以及身体其他部位的皮肤暗部，婴儿使用玫红色或深红色轻轻排出暗部颜色，注意过渡要柔和。服装部分根据拼色效果的不同可对应平铺上色。

Step
05

阴影刻画。服装的上衣部分使用棕红色和深棕色搭配上色，加重暗部，裤装使用深蓝和深绿色搭配上色，加重暗部，婴儿服装穿着较简单，主要着重刻画五官及身体细节即可。轻轻勾勒出田园风格的背景效果，配合整体画面风格。

Step
06

整体刻画。使用深紫和黑色搭配加重整体服装的暗部，突出立体效果，再使用高光液在裤子上画出白色斜纹图案，增加装饰效果，最后完善背景图案，完成效果图。

案例 2 幼童连身裙亲子装

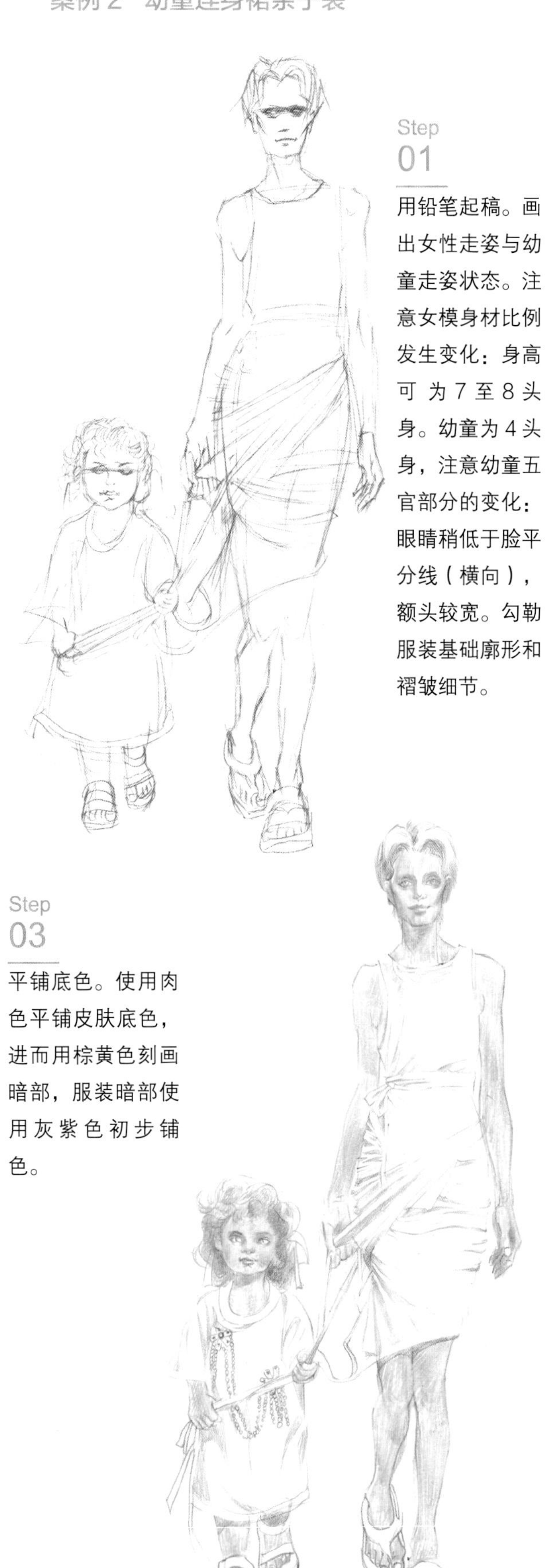

Step 01

用铅笔起稿。画出女性走姿与幼童走姿状态。注意女模身材比例发生变化：身高可为 7 至 8 头身。幼童为 4 头身，注意幼童五官部分的变化：眼睛稍低于脸平分线（横向），额头较宽。勾勒服装基础廓形和褶皱细节。

Step 02

用彩铅定稿。根据人体与服装颜色确定线稿，注意款式细节。

Step 03

平铺底色。使用肉色平铺皮肤底色，进而用棕黄色刻画暗部，服装暗部使用灰紫色初步铺色。

Step 04

深入刻画。先使用棕红色加深包括幼童在内的皮肤暗部，刻画眼、鼻等处的立体阴影，以及身体其他部位的皮肤暗部，轻轻排出幼童暗部颜色，注意过渡要柔和。服装首先使用玫红和草绿色轻排出图案，再使用灰紫色继续加深暗部。

Step
05

整体刻画。使用紫色、深绿和湖蓝色继续完善图案。轻轻勾勒出田园风格的背景效果，配合整体画面风格。

Step
06

点缀提亮。使用深紫和棕黑色搭配加重整体服装的暗部，突出立体效果，再使用高光液整体提亮，最后完善背景图案，完成效果图。

案例 3　幼童千鸟格纹毛呢亲子装

Step 01 线稿构图。画出女性半侧站姿与幼童正面站姿动态，勾勒服装廓形及背景。

Step 02 线稿确定。使用对应颜色纤维笔确定人体与款式细节。

Step 03 人体上色，进行底色铺色。欧美人皮肤使用 Copic 马克笔 RV000、E00、E02 逐步深入铺色，阴影部分进行集中上色以增加立体感。成年女模特头发用橘色铺底色，幼童头发使用浅黄色铺底色，再使用棕黄色根据卷发明暗进行暗部上色。

Step 04 服装上色。先使用粉色将全部服装部分（包括幼童服与围巾）平铺底色，再使用红色耐心画出千鸟格图案。继续使用豆沙色和浅紫色画出头部肤色暗部，使用黑色针管笔刻画五官细节，头发使用棕红色刻画，根据卷发造型的明暗关系刻画暗部。

Step 05

暗部上色。服装部分使用深棕色画出较深部分，用深红色将转折与褶皱进行大面积铺色。

Step 06

整体刻画。首先用棕黑色将暗部整体加重，再使用对应环境色将画面背景完善，最后使用高光笔点缀提亮，完善效果图。

CHAPTER 08

婚礼服 & 高级晚礼服综合技法表

高级定制的手绘表现颇具独特性，具体表现在廓形、结构、面料、工艺的特殊性和高品质质感上，在绘画表现中，手绘程序往往可以通过服装的工艺流程而展现出来——如果一件纱裙有三层且每层有不同的刺绣花样，那么手绘时也要进行三个层次的绘画以达到最佳画面效果。

由此可见，本章的难点在于细节和程序性的刻画，对学习者的要求又进一步提高了。

8.1 婚礼服手绘技法表现

8.1.1 深色卡纸表现X形大蓬纱刺绣婚礼服

Step 01 用铅笔起稿。准备棕色牛皮纸，勾勒出人物双手掐腰微侧站姿动态。

Step 02 皮肤上色。使用肉色彩铅刻画皮肤亮部，肤色过渡色保留纸面底色，再使用深棕色加深边缘暗部；用白色彩铅沿着服装轮廓向内部过渡上色。

Step 03 图案刻画。先使用白色颜料细致勾画刺绣图案，再使用深灰色马克笔将褶皱和转折处加深，最后使用白色彩铅将褶皱的亮部和画面受光部充分提亮，完成效果图。

8.1.2 深色卡纸表现A形蓬纱碎花婚礼服

Step 01 用铅笔起稿。准备橙色卡纸，画出女人直立站姿，并勾勒纱裙廓形。

Step 02 皮肤上色。用肉白色彩铅提亮皮肤亮部，用棕色彩铅加深边缘暗部。

Step 03 阴影上色。使用浅橘色马克笔给肤色和纱裙阴影描绘上色（纱裙固有色为肉色），在此基础上继续使用灰色系马克笔加深较重部位。

Step 04 图案上色。使用白色颜料点缀花朵图案。

Step 05 纱裙上色。使用白色彩铅将纱裙提亮。

Step 06 整体刻画。增加一些较重的背景色以突出白色质感效果。

8.1.3 经典白纱婚礼服

Step

01

用铅笔定稿。画出女性站姿动态，注意手部姿势的变化，勾勒基本裙形，在此基础上进一步细化内部款式细节和图案造型。

Step

02

皮肤上色。用大红色加淡黄色调出小麦肤色的底色，颜色清淡偏红，湿润平铺上色。头发使用棕色湿润平铺上色。

Step

03

皮肤暗部上色。在肤底色基础上加入深红色，进一步刻画皮肤暗部和五官细节，再使用深棕色刻画眼睛、眉毛、头发暗部等，强调立体效果。注意上半身皮肤上色较重，凸显服装刺绣部分。

Step

04

服装上色。使用朱红、玫红和棕色调出香槟色，晕染纱裙褶皱暗部。

Step
05

阴影上色。在纱裙香槟底色基础上加入深紫色，将纱裙较暗部位如腰侧、腋下、裙摆底处晕染上色，再调出蓝灰色于裙摆侧边、袖侧边晕染纱裙环境色。注意调出较重颜色（较裙底色）刻画立体图案阴影，以凸显图案立体效果。

Step
06

点缀提亮。使用高光液先将纱裙所有立体花朵提亮，充分表现其立体效果，再依次提亮纱裙褶皱的亮部，表现纱裙通透材质，最终完成效果图。

8.2 高级礼服手绘技法表现

8.2.1 水彩表现透纱刺绣款

Step 01

用铅笔起稿。画出人物走姿基础动态，并勾勒纱裙廓形。

Step 02

定稿。擦除多余辅助线，继续深入刻画款式细节，完成线稿。

Step 03

人体上色。先将皮肤铺色，调和玫瑰红加淡黄色作为基础肤色湿润上色，暗部可再次上色进行加深；调出蓝绿色画头发暗部，再用清水笔向亮部过渡，突出立体感和厚度。

Step 04

服装上色。透纱材质要由内向外上色，先调出浅墨绿色画出打底内衣，再调出蓝绿色（偏绿色）画纱裙，注意水分湿润，过渡柔和。

Step
05

图案上色。使用纱裙基础色勾勒暗纹，待干后细致勾画中间立体花卉纹样，注意植物颜色层次上的轻重变化，以表现出动感。

Step
06

整体刻画。使用高光液将亮部点缀提亮，完成效果图。

8.2.2 马克笔表现钉珠亮片款礼服

Step 01

用铅笔起稿。画出人物走姿基础动态，并勾勒纱裙廓形。

Step 02

用马克笔继续深入款式细节。

Step 03

线稿上色。先用纤维笔对应服装颜色进行线稿确定，再使用肤色系RV000、E00、E02铺基础色，注意上身为裸色刺绣，因此肤色要打底。

Step 04

服装上色。用湖蓝色给拖尾外衫铺底色，再根据亮片位置选择反光色进行局部铺色，最后使用深绿色加深转折暗部。

Step
05

装饰上色。给上衣亮片部位铺底色，再细致勾勒胸前花朵刺绣。

Step
06

亮片点缀。用高光笔在提前画好的亮片区域充分点缀，注意疏密排布，最后使用深灰色加强暗部，完成效果图。

8.2.3 水彩表现轻薄糖果色礼服

Step
01

用铅笔起稿。画出人物走姿基础动态，并勾勒纱裙廓形。

Step
02

定稿。擦除多余辅助线，继续深入刻画款式细节，完成线稿。

Step
03

皮肤上色。先给皮肤铺色，调和玫瑰红加淡黄色作为基础肤色湿润上色，暗部可再次上色进行加深。

Step
04

上身铺色。先将调出的棕黄色铺头发底色，半干状态时调出棕褐色加深暗部和发丝间隙；上身褶纱根据不同部位调出不同颜色，加水稀释湿润上色，用清水笔充分晕染，使颜色过渡更加柔和，透出肤色以表现通透感。

Step
05

纱裙铺色。使用上一步方法将裙子整体清淡铺色。

Step
06

阴影上色。找出褶纱暗部一一加深并及时晕色，完成后将暗部充分刻画，凸显层次感。本款案例纱裙层次丰富，褶皱细密，需要耐心地进行刻画。

CHAPTER

09

Procreate 辅助手绘技法表现

用电脑绘制在某种程度上解放了设计师的“双手”，虽然仍需要有一定的手绘基础，但其复杂的质感和更精美的画面效果是传统手绘无法比拟的。用平板电脑绘制更是在时间和空间上提升了设计手绘的有效性，因此其热度始终居高不下，快速成为设计师们的宠儿。

本章借由 iPad Procreate 软件进行手绘讲解，通过不同风格、款式、材质的画面表现进行学习和练习。

虽然平板绘制或其他电脑辅助绘画手法会更智能，但在塑造造型和处理明暗色彩关系这些环节，仍然需要有一定的手绘基础，因此手绘能力的培养仍然贯穿于各种手绘方式中。

9.1 婚礼服类技法表现

在传统手绘中，高级礼服因其精湛的工艺和装饰，尤其是婚礼服中常出现的蕾丝刺绣等，绘画时往往难以表现，但在平板绘制中，这些则会更方便、更写实地绘制出来。因此，本节以礼服为案例，逐步讲解平板绘制的流程与方法。

9.1.1 A 形蓬纱款婚礼服

Step 01 构图。新建图层 1，使用HB铅笔笔触，选择棕色，画出人物比例与动态。

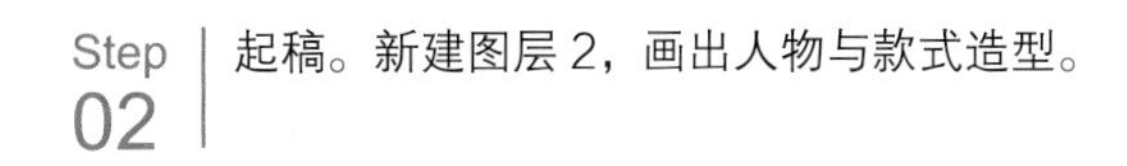

Step 02 起稿。新建图层 2，画出人物与款式造型。

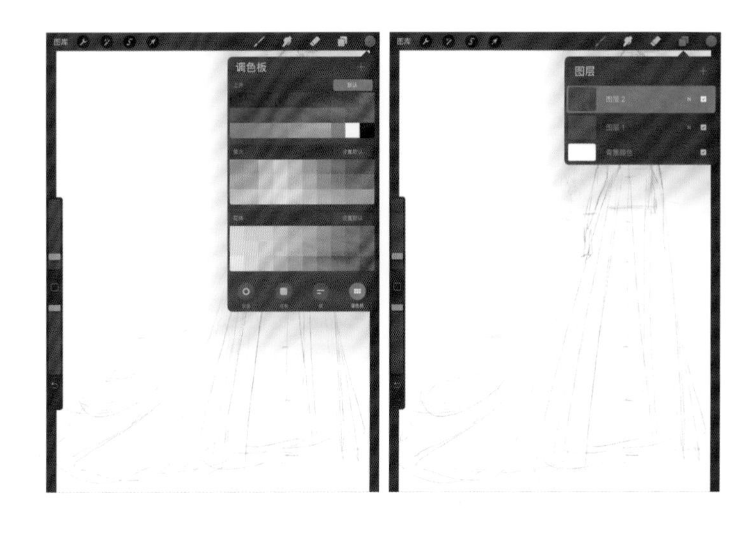

Step 03 定稿。新建图层 3，选择 Technical pen 笔触，根据图层 2 的草稿，细致勾勒已确定线稿，可将图层 1、图层 2 的草稿隐藏。

Step 04

皮肤上色。新建肤色图层置于线稿下层，使用上漆－圆画笔上色，选择偏粉白色铺皮肤基础色，继续使用圆画笔选择深肤色加重暗部；再新建图层5画头发，选择浅棕黄色上色。

Step 05

画头发。使用抽象－薄膜画笔，选择棕色刻画发丝。

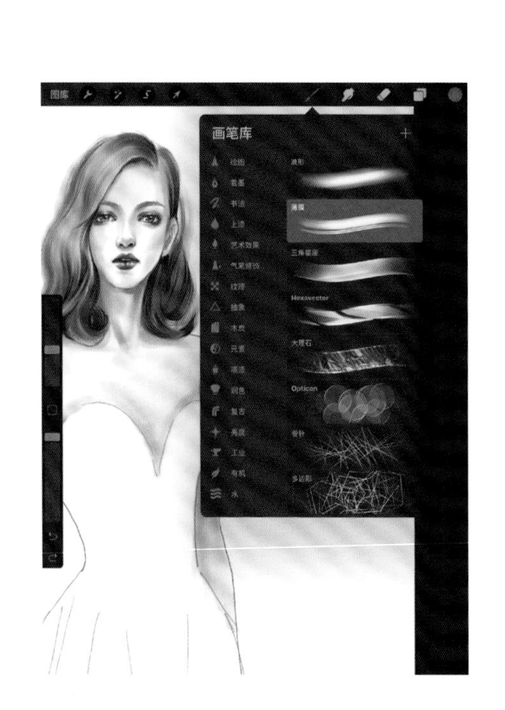

Step
06

画服装。继续新建图层6来画纱裙，选择蓝灰色铺阴影部分。

Step
07

阴影上色。调出肉色于前胸中心部位上色，表现面料通透感；纱裙使用肉色在摆尾处轻微上色，表现环境色。

Step
08

画蕾丝。新建图层7画蕾丝轮廓，使用Technical pen笔触选择深紫色勾勒出蕾丝图形。

Step
09

填充。新建图层8，将蕾丝轮廓填充为白色。

Step
10

整体刻画。新建图层 9 并置于底层，使用深蓝灰色将蕾丝、纱裙等暗部深入刻画，再新建图层 10 置于顶层，选择白色进行高光提亮，最后完成效果图。

9.1.2 背侧 X 形蓬纱拖尾款婚礼服

Step 01 构图起稿。新建图层 1，使用 HB 铅笔笔触，选择棕色，画出人物与款式造型。

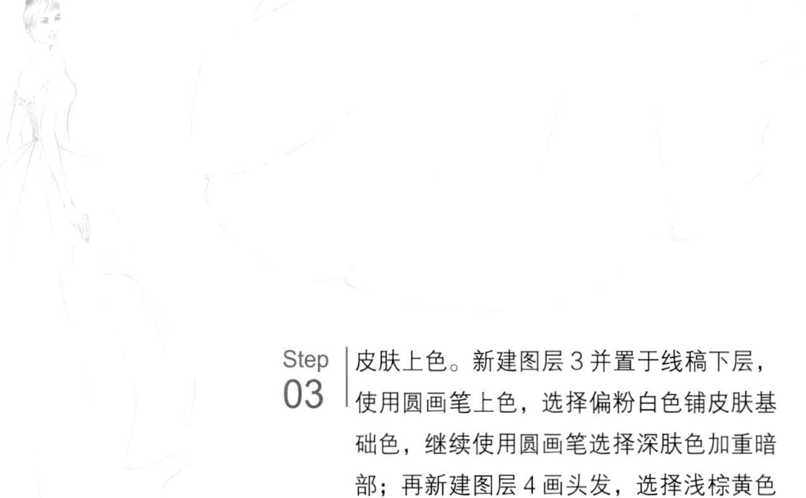

Step 02 定稿。新建图层 2，选择 Technical pen 笔触，根据图层 1 的草稿细致勾勒已确定线稿，可将图层 1 的草稿隐藏。

Step 03 皮肤上色。新建图层 3 并置于线稿下层，使用圆画笔上色，选择偏粉白色铺皮肤基础色，继续使用圆画笔选择深肤色加重暗部；再新建图层 4 画头发，选择浅棕黄色上色。

Step 04 | 整体上色。使用薄膜画笔选择棕色，继续在图层 4 刻画发丝；新建图层 5，受环境色影响，先使用圆画笔选择紫灰色画左侧纱裙暗部，再选择暖灰绿色画亮部的纱裙褶皱处。

Step 05 | 深入刻画。继续在图层 5 中上色，选择深紫灰色和深灰绿色分别加深暗部。

Step 06 | 蕾丝刻画。新建图层 6，细致勾勒并刻画蕾丝图案。

Step 07 整体刻画。新建图层 7 并置于顶层，使用白色将亮部提亮，完成效果图。

9.1.3 鱼尾形婚礼服

Step
01

线稿确定。新建图层1，选择Technical pen笔触，细致勾勒线稿。

Step
02

皮肤上色。新建图层2，使用圆画笔选择肤色将上身平铺上色，再次上色以塑造立体感；新建图层3画头发，选择浅棕红色铺色。

Step
03

五官上色。先添加蓝黑色为背景色，置于底层，以凸显白纱效果；再新建图层4置于线稿上层，深入刻画五官。

Step
04

整体上色。先回到头发图层，用薄膜画笔选择深棕色画出发丝与明暗关系；再新建图层5，用冷灰色画出鱼尾暗部。

Step
05

蕾丝刻画。新建图层6，使用白色 Technical pen 大笔触直接画出片状蕾丝。

Step
06

整体刻画。新建图层7刻画蕾丝暗部，完成效果图。

9.1.4 亮片钉珠高级礼服

Step 01 构图起稿。新建图层 1，使用 HB 铅笔笔触，选择橘红色，画出人物动态；再分别选择紫色和蓝色画出款式廓形。

Step 02 定稿。新建图层 2，选择 Technical pen 笔触，根据图层 1 的草稿细致勾勒已确定线稿，可将图层 1 的草稿隐藏。

Step 03 上底色。先新建图层 3，平铺肤色和发色，再新建图层 4，平铺服装底色。

Step 04 图形刻画。先在图层 3 的肤色部分继续刻画阴影和五官，再新建图层 5 暂时置于顶层，用工作室笔触分别使用棕色和深蓝色画出亮片图形区域。

Step 05 亮片刻画。继续在图层 5 中加入亮片反光色进行点缀，注意同时调出较深颜色进行暗部点缀。

Step 06 服装上色。回到图层 4 进行服装暗部的上色，紫纱裙注意透出肤底色以表现通透材质效果，蓝色套装直接选择深湖蓝色加深褶皱和暗部。

Step 07 阴影上色。在服装图层调出深色加深较暗部位，再回到亮片图层，使用白色工作室笔触将亮片一一点缀。

Step 08 | 上高光。新建图层 6 并置于顶层，使用工作室笔触在局部点亮，再使用亮度 – 闪光笔触增加反光，完成效果图。

9.2 时尚休闲类技法表现

用平板绘制成衣可以表现更加丰富的面料材质和图案。与传统手绘不同的是，有些图案可以比较方便地利用软件工具来完成，节省了绘画程序和时间，同时在画面效果上更为写实和完整。

9.2.1 格子图案休闲男装

Step 01

构图。新建图层 1，使用 HB 铅笔笔触，选择棕色，画出男性人体动态与款式廓形。

Step 02

定稿。新建图层 2，选择 Technical pen 笔触，根据图层 1 的草稿细致勾勒已确定线稿，可将图层 1 的草稿隐藏。

Step 03

铺底色。先新建图层 3，平铺肤色、发色，再新建图层 4，平铺服装底色。

Step 04

阴影上色。先在图层 3 的肤色部分继续刻画阴影和五官，再回到图层 4 将外套加入暗色调。

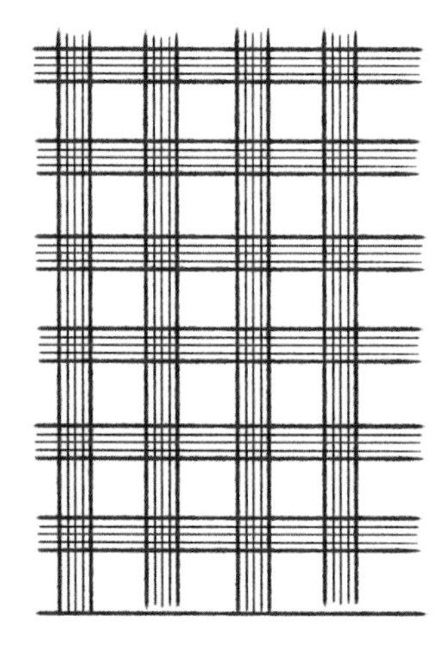

Step
05

绘制图形 1。新建图层 5（可提前隐藏其他图层以便画图），使用绘图－小松木笔触，拖画出外粗内细的四根条纹，进行复制粘贴并调整方向，得到基础图形，然后多次进行复制图层并调整位置，最终得到格纹图案（注意及时将图形图层合并为一个图层）。

Step
06

图形 1 平铺。将图形平铺到服装部分，在褶皱和转折处，使用调整－液化工具调整形状。

Step
07

绘制图形 2。新建图层 6，画出白色卫衣图案。

Step
08

整体刻画。新建图层 7 并置于图案图层之上，使用蓝黑色加深较暗部位，新建图层 8 并置于顶层，使用白色画笔点缀高光部位，完成效果图。

9.2.2 田园休闲风时装

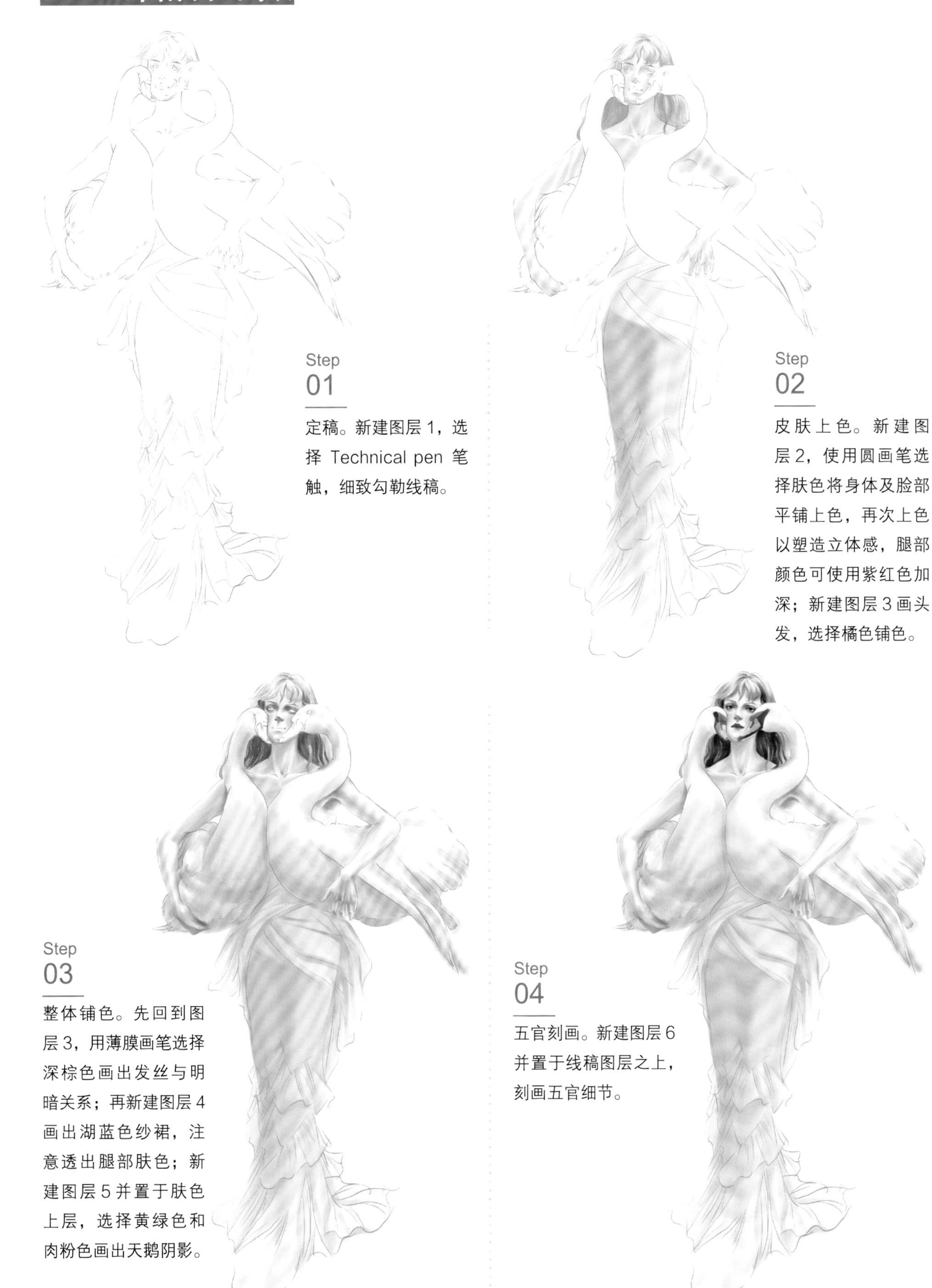

Step
01

定稿。新建图层 1，选择 Technical pen 笔触，细致勾勒线稿。

Step
02

皮肤上色。新建图层 2，使用圆画笔选择肤色将身体及脸部平铺上色，再次上色以塑造立体感，腿部颜色可使用紫红色加深；新建图层 3 画头发，选择橘色铺色。

Step
03

整体铺色。先回到图层 3，用薄膜画笔选择深棕色画出发丝与明暗关系；再新建图层 4 画出湖蓝色纱裙，注意透出腿部肤色；新建图层 5 并置于肤色上层，选择黄绿色和肉粉色画出天鹅阴影。

Step
04

五官刻画。新建图层 6 并置于线稿图层之上，刻画五官细节。

Step
05

阴影上色。新建图层 7 画出整体暗部。

Step
06

整体刻画。新建背景图层，选择草绿色，使用水－湿海绵画出环境色，再新建图层置于顶层，选择白色画笔提亮人物与天鹅的高光部位，完成效果图。

9.2.3 羽绒休闲服

Step
01

构图起稿。新建图层 1，选择 HB 铅笔工具，粗略勾画女性侧面站姿动态。

Step
02

定稿。新建图层 2，选择 Technical pen 笔触，基于图层 1 细致勾勒线稿。

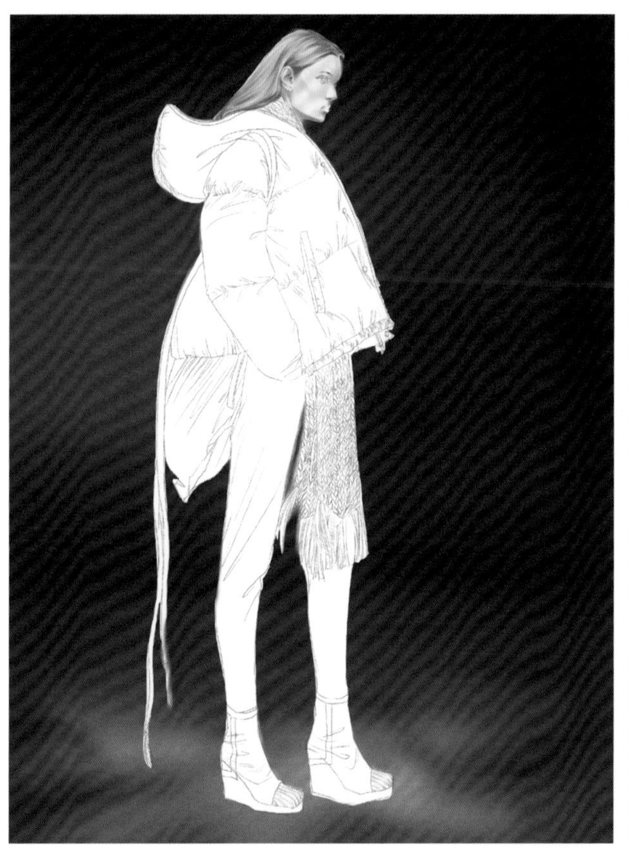

Step
03

皮肤及背景上色。新建图层 3，使用圆画笔选择肤色将身体及脸部平铺上色，再次上色以塑造立体感；新建图层 4 画头发，选择橘色铺色；新建图层 5 填涂深蓝色背景，再使用气修 - 软画笔画渐变深色，地面处使用白色软画笔表现白雾效果。

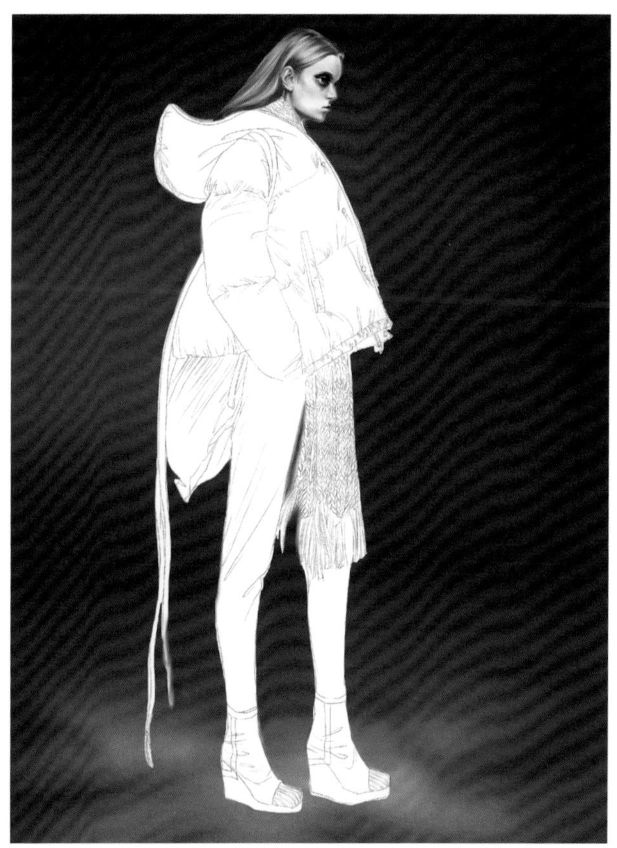

Step
04

五官刻画。回到图层 3 继续深入刻画皮肤颜色，再新建图层 6 置于线稿图层之上，刻画五官，再使用薄膜画笔选择棕绿色，画出发丝质感与明暗关系。

Step 05 整体铺色。新建图层 7，先使用橘红色铺上衣底色，再调出大红色画出羽绒服的褶皱暗部，调出枣红色平铺裤子底色，再使用深红色画出裤子褶皱暗部。

Step 06 质感表现。在图层 7 基础上调出黑红色加深上衣暗部，加强褶皱明暗关系，突出羽绒服光滑质感，裤子明暗关系过渡相对柔和，表现亚光质感，围巾的针织肌理需要使用 HB 铅笔工具调出棕红色，根据编织走向加深其暗部。

Step 07 点缀提亮。新建图层 8 并置于顶层，调出白色并使用干油墨画笔先将羽绒服的印染图案按序列依次点缀，根据明暗不同可调整透明度，再依次将服装各部位的白点点缀。

9.2.4 单人时装画材质快速表现

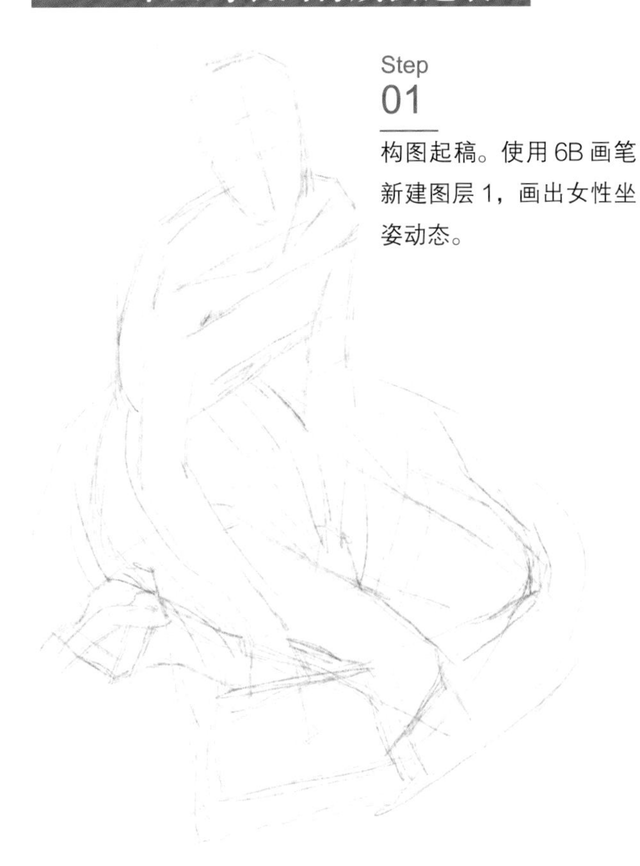

Step
01

构图起稿。使用6B画笔新建图层1，画出女性坐姿动态。

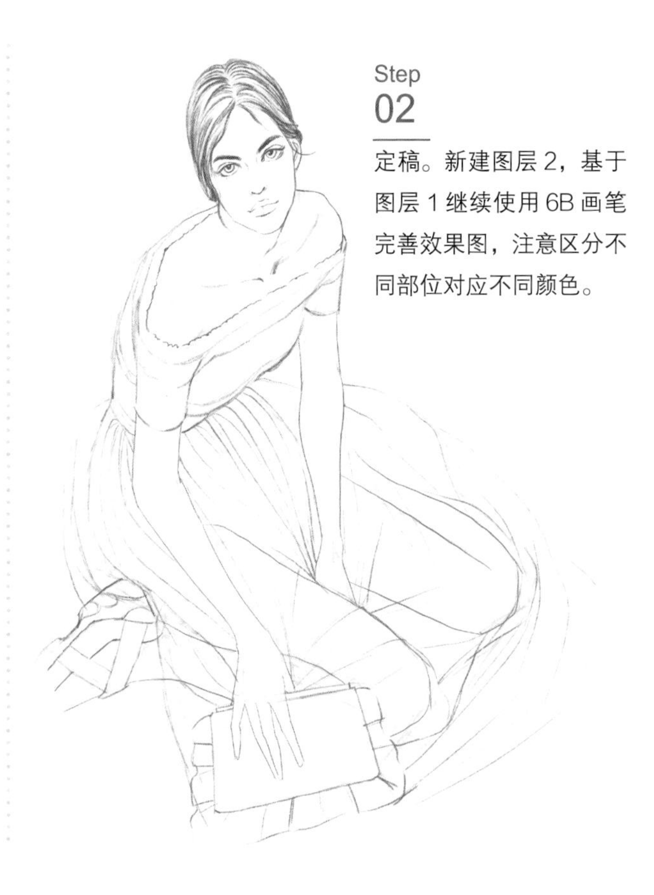

Step
02

定稿。新建图层2，基于图层1继续使用6B画笔完善效果图，注意区分不同部位对应不同颜色。

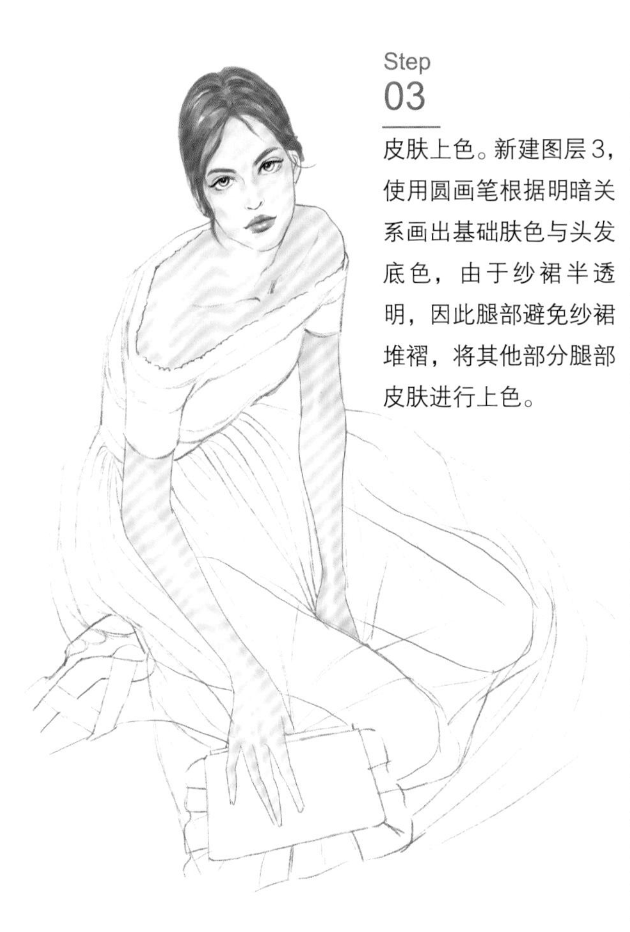

Step
03

皮肤上色。新建图层3，使用圆画笔根据明暗关系画出基础肤色与头发底色，由于纱裙半透明，因此腿部避免纱裙堆褶，将其他部分腿部皮肤进行上色。

Step
04

皮肤深入刻画。继续在图层4基础上加深皮肤暗部，使用深棕色刻画五官细节，再使用薄膜画笔调出深棕色，刻画头发的暗部与肌理。

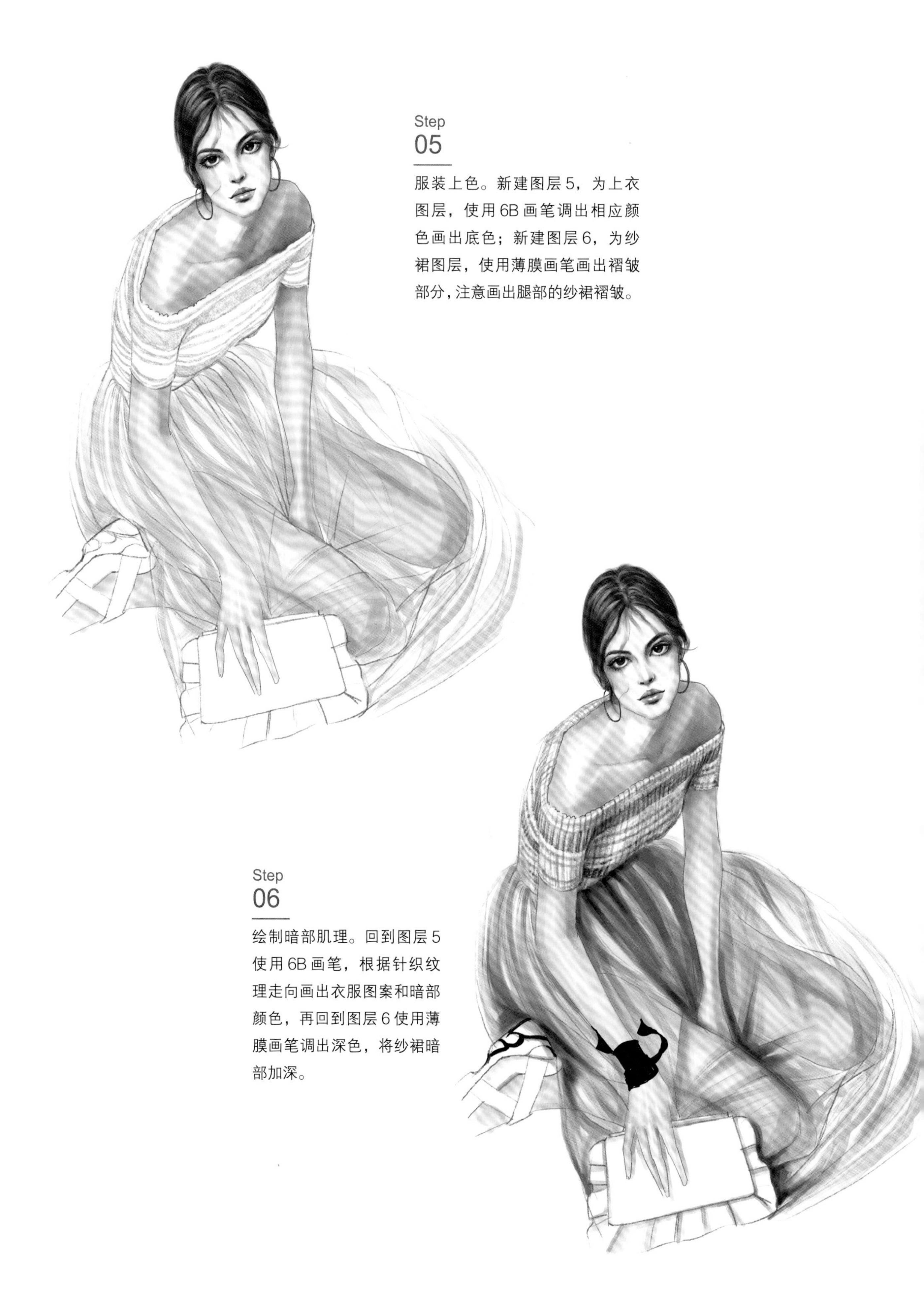

Step
05

服装上色。新建图层5，为上衣图层，使用6B画笔调出相应颜色画出底色；新建图层6，为纱裙图层，使用薄膜画笔画出褶皱部分，注意画出腿部的纱裙褶皱。

Step
06

绘制暗部肌理。回到图层5使用6B画笔，根据针织纹理走向画出衣服图案和暗部颜色，再回到图层6使用薄膜画笔调出深色，将纱裙暗部加深。

Step 07

点缀刻画。新建图层 7，为背景图层，使用平画笔大笔触顺着横竖方向画出背景色，再用涂抹工具虚化边缘。然后新建图层 8 并置于顶层，使用白色 6B 画笔将上衣针织亮部的肌理画出，再使用白色工作室画笔点缀纱裙，注意疏密与大小间距，完成效果图。

CHAPTER 10 作品赏析

a xng

CHANEL.2019 Spring. ready to wear

马克笔荧光涂层夹克技法案例

2018. 7.

深色卡纸白色透纱裙技法案例

Elli Saab. 2019.spring.

2018.7

读者服务

读者在阅读本书的过程中如果遇到问题，可以关注“有艺”公众号，通过公众号中的“读者反馈”功能与我们取得联系。此外，通过关注“有艺”公众号，您还可以获取艺术教程、艺术素材、新书资讯、书单推荐、优惠活动等相关信息。

扫一扫关注“有艺”

投稿、团购合作：请发邮件至 art@phei.com.cn。